U0170846

中国茶文化精品文库

茶事

王金平 殷剑◎总主编
刘玉凤◎编著

中国旅游出版社

前 言

自小的记忆里，就没有茶的印记。贫苦的乡村生活，有的只是填饱肚子的渴求和求学路上的艰辛，根本就没有“品茗”的奢望。及至走出乡村，走进大学，参加工作，一路过来，想得更多的是柴米油盐，愁得更多的是宅居车行。

真正与茶结缘，缘于工作的需要，更缘于茶香的诱惑。工作的转向，让我逐渐接触到了茶叶，在与茶人的交往中，在茶的教学与管理中，不断深化了对茶叶的认识，逐渐爱上了那片树叶，以及那片树叶背后的风花雪月。

一片树叶，落入水中，改变了水的味道，从此有了茶。茶与水的邂逅，华丽转身，在水中翩翩起舞，留给我们无尽遐思，还有那绵长动人的故事。

茶事，是一种植物与一群人的故事，人种植了植物，植物却改变和丰富着人们的生活方式。

茶事，也是一群人因一种植物而发生的故事，有爱恨嗔痴，也有悲欢离合；有美好圆满，也有凄惨缺憾；有温馨舒适，也有酸楚痛苦。

从山野匹夫到文人雅士，从凡夫俗子到一代伟人，因茶而生，为茶而起，留给我们灿若星河的逸事趣闻和雅说故事。

把盏品茗，在袭人的茶香、甘醇的茶味和清澈的茶汤中，品味着茶的那些叙说、那些咏叹、那些故事。虽然时代有些久远，但文字和内涵弥新，可以平抑烦躁，找回平静。

刘玉凤

2021 年 5 月

目 录

茶事掌故

中国是茶的故乡，经过几千年的发展，中国茶不仅在国内声望日隆，而且在世界舞台上也享有盛誉。几千年的文明史，赋予茶太多的文化情感，有多少文人墨客在诗文中歌颂、赞美茶；又有多少雅士趣闻在时间长河里流传千古……

从中国茶文化最早文字史料的“武阳买茶”到以茶治边的“茶马交易”，从《三国志》中的“以茶代酒”到冯梦龙《广笑府》中的“茶酒争高”，从晋人陆纳训侄不节俭的“陆纳杖侄”到晚唐李德裕不惜代价的“‘水递’惠山泉”，从“王濛‘水厄’”到张岱的“茶淫橘虐”……在我国无数记载于神话、传说、故事中留下了不少关于茶的掌故，读来耐人寻味。

故事是人类对自身历史的一种记忆行为，透过故事，记录和传播社会的文化传统和价值观念。茶事掌故，通过对过去茶事的讲述，描述茶在不同历史时期的文化形态。

中国是茶的原产地，是茶文化的发祥地。对茶事掌故的提炼及梳理，既有利于中国茶文化的传播，又有利于中国文化走向世界。

武阳买茶

王褒《僮约》中的“烹荼尽具”和“武阳买荼”两句话，为中国茶业和中国茶文化史留下了最早的可靠的文字史料。

西汉宣帝神爵三年（前59年）正月里，汉代大文学家王褒去四川成都看望自己亡友的遗孀杨惠，杨惠的仆人“便了”对杨氏热情招待王褒有所不满。王褒经常指派他去买酒，便了因王褒是外人，替他跑腿很不情愿，又怀疑王褒可能与杨氏有暧昧关系。于是有一天，他跑到主人的墓前倾诉不满，说：“主人啊！您当初买便了的时候，只是要我把家里看守好，并没要我为其他男人去买酒。”

王褒得悉此事后，当时就气不打一处来，一怒之下，在正月十五元宵节这天，以一万五千钱从杨氏手中买下便了为奴。为了教训便了，使他服服帖帖，王褒信笔写下了一篇长约六百字的《僮约》契约，列出了名目繁多的劳役项目和干活时间的安排，使便了从早到晚不得空闲。契约上繁重的活儿使便了难以负荷。他痛哭流涕向王褒求情说，如果真要照这样干活，恐怕马上就会累死，早知如此，他情愿天天去买酒。

王褒在《僮约》中不乏揶揄、幽默之句，却在不经意间为中国茶史留下了非常重要的一笔：

……舍中有客，提壶行酤，汲水作哺。涤杯整案，园中拔蒜，斫苏切脯。筑肉臛芋，脍鱼炰鳖，烹荼尽具，哺已盖藏……绵亭买席，往来都洛，当为妇女求脂泽，贩于小市。归都担枲，转出旁蹉。牵犬贩鹅，武阳买荼……

《僮约》成了茶学史上最早提及茗饮风尚的文献，文中的“烹荼”即为煮茶，说明了茶的煮制方式已经开始形成。同时，也是茶学史上最早提及茶叶市场的文献，“武阳买荼”就是要到邻县的武阳去买回茶叶。

以茶代酒

逢年过节，全国各地，几乎都有敬酒的习俗。在饭桌上，不想喝酒而又难却盛情，就用茶来代替酒。

“以茶代酒”的典故最早出现在晋朝陈寿的《三国志·韦曜传》记载：“皓每飨宴，无不竟日，坐席无能否，率以七升为限。虽不悉入口，皆浇灌取尽。曜素饮酒不过二升，初见礼异时，常为裁减，或密赐茶荈以当酒。”

孙皓是三国时吴国的第四代国君，初登王位时，抚恤民情，开仓赈贫，深受黎群爱戴。后来过惯了帝王家的奢侈生活，变得专横跋扈，沉迷酒色，经常摆酒设宴，命群臣作陪。他的酒宴有一个规矩：每人以七升为限，不管会不会喝，能不能喝，七升酒必须见底。而且孙皓还专门安排了几个“司过之吏”，专门监督大臣们喝酒时有没有偷奸耍滑。有个散骑常侍王蕃，喝了七升酒，当堂醉倒了，孙皓派人把他送回去，过会儿又突然把他召回来，没想到王蕃睡了会儿后又清醒过来了，孙皓大怒，骂他装醉，砍了他的头。

朝中有位大臣韦曜，博学多闻，只有两升的酒量，孙皓对他很是照顾，每每喝酒，便暗中赐给他清茶来代替烈酒，使之得过“酒关”。韦曜也心领神会，高举酒杯，“以茶代酒”，频频干杯，从来没有因醉酒而失态。这是“以茶代酒”的最早记载。

如今，人们对茶酒的观念发生了变化，“以茶代酒”不再是不光彩的事情了，俨然成为一种风尚，是追求健康、传承文化的体现。

陆纳杖侄

陆纳是三国时名将陆逊的后代，在东晋时曾担任过太守、吏部尚书等许多重要职务，为政清廉，生活十分俭朴，从不奢侈铺张，很是受人敬佩。唐代“茶圣”陆羽也曾追认其为自己的先祖。

“陆纳杖侄”的典故最早出现在《晋书·卷七十七·列传第四十七》中，记载：“纳迁太常，徙吏部尚书，加奉车都尉、卫将军。谢安尝欲诣纳，而纳殊无供办。其兄子俶不敢问之，乃密为之具。安既至，纳所设唯茶果而已。俶遂陈盛馔，珍馐毕具。客罢，纳大怒曰：‘汝不能光益父叔，乃复秽我素业邪！’于是杖之四十。”

这段记载是说，陆纳升迁至吏部尚书，同时为奉车都尉、卫将军。宰相谢安非常敬重他的人品，便派人对陆纳说，打算抽时间到他家去拜访。陆纳并没有准备特殊的招待，一切以日常为准。而陆纳哥哥的儿子俶知道了这件事情之后，并没有问其叔陆纳准备了什么，而是着手私下准备了很多。等到宰相谢安来了，陆纳将准备的一碗清茶和一些水果端上，清淡、自如。而他的侄子俶随后摆上了一大桌子丰盛的菜，山珍海味，珍馐必至。等客人谢安走后，陆纳非常生气训斥侄子俶道：“你既然已经不能够增长你叔父我的品行和名声，为什么还要来玷污我一贯朴素廉洁的声誉呢！”然后家法处置，杖责四十下。

在陆纳看来，以茶果自奉和待客是高洁朴素、特立独行、不迎合骄奢习气的生活方式，就是他的素业，他的侄子不能继承已经令人遗憾，还要以奢侈的宴席玷污他的名声，那就令人气愤了！

中国茶文化糅合了中国儒、道、佛诸派思想，自成一体，其中儒家思想对茶文化的影响更为深远，赋予茶节俭、淡泊、朴素、廉洁的品德思想。后人常引用“陆纳杖侄”的故事弘扬茶性的廉洁、俭朴，而对于陆纳乃至其后的茶人来说，这都是一份俭朴而又无上高贵的“素业”。

瓦盂饮茶

晋惠帝司马衷是晋武帝司马炎之子，这位历史上有名的愚笨之君继位不久，便发生了争权夺位的“八王之乱”。无能的晋惠帝在这场犯上作乱的战争中，从头到尾都只是一个傀儡皇帝。八个司马宗室轮流掌权，晋惠帝始终在诸王的股掌之间，四处逃难，饱受颠沛流离、风餐露宿之苦。眼看江山落入他人之手，自己却无力反抗，只能终日以泪洗面，任由诸王凌辱、践踏。更令人意想不到的是，晋惠帝身为高高在上的九五之尊，令他最高兴也最难忘的一件事竟然是喝到了一碗茶。

光熙元年（306 年）时，东海王司马越一举歼灭叛党，结束了长达十六年的“八王之乱”。司马越将流亡在外的晋惠帝接回洛阳。然而，得以重返洛阳宫的晋惠帝，他的非人生活却并没有因为叛乱的结束而终止。司马越将晋惠帝幽居在深宫之中，独揽朝政大权。晋惠帝的饮食起居，日常生活的一切活动都身不由己，皇帝之位形同虚设。

这天晚上，晋惠帝身边的一位近臣不知从何处给他偷偷地弄来一碗茶。此时的晋惠帝潦倒不堪，往日的浮华都已烟消云散，近臣给晋惠帝盛茶用的茶具也并不是什么名贵的金银之器，是一只瓦盂。然而，愚蠢至极的晋惠帝在黑夜之中，并没有注意到这些，他端起瓦盂，只喝一口，便顿觉茶味甘美异常，不禁连声叫好，拍手称赞。这只是极为普通的一碗茶，只是一位近臣万般无

奈之下，以一杯盛在瓦盂中的粗茶来为君王解渴之用，夜未央，心已碎。然而，晋惠帝的愚蠢之处在于，他从这瓦盂之茶中体会到的仅是茶味之美，却将自己的险恶处境以及国破家亡的悲惨全部抛到脑后。由此看来，国家在晋惠帝手中，灭亡在所难免。

这碗令晋惠帝连声称赞的“好茶”并没有使他从绝境中清醒，就在晋惠帝回洛阳这年，司马越大权在握后，六亲不认，犯上作乱，将其毒死。

宴客举清茶

宴客举清茶掌故来自晋代陶潜撰写的《续搜神记》。以茶宴宾客是一种礼仪，是款待客人的重要方式。桓温宴客举清茶，绝对不是秉性节俭的表现，而是借此提高自己在朝野的声望，最终达到代晋称帝的目的。茶在桓温手中，完全是一种沽名钓誉的幌子。

桓温，字元子，东晋谯国龙亢人，出身士族，娶晋明帝女南康公主为妻，拜驸马都尉。他曾三次率大军北伐，借收复中原来收买人心，提高个人的威望，觊觎帝位。由于带有极端个人利欲目的，三次北伐，均以失败告终。

兴宁二年（364 年），已担任大司马、都督中外诸军事的桓温又被加官为扬州牧。此时的桓温，很是顾及自身的形象，为了表示他在生活上一贯清廉节俭，每逢宴请宾客，都只用七盘茶和果来招待客人。陆纳出任吴兴太守之前，去向桓温辞行，陆纳问桓温可饮多少酒，桓温回答说，酒不过三升，肉不过十块。桓温这种虚伪的简朴，具有很大的欺骗性，许多人受到他的蒙骗，都认为他是个“性俭”之人。

太和六年（371 年），桓温废晋帝司马奕，改立简文帝，自己专擅朝政。次年简文帝死，野心勃勃的桓温要求加九锡，以此作为代晋称帝的最后图谋。此时，一代名臣谢安出山，他得知桓温已染重病，便与他巧妙周旋，拖延时间，桓温最终未能加九锡而“抱憾”病死。

其实，桓温可以称得上是中国历史上第一个利用茶来玩弄政治权谋的人。

王濛“水厄”

爱茶的人，常以嘉木、佳人、灵草、清友、忘忧草等各种美名冠茶，苏轼有“从来佳茗似佳人”之句，赋予其各种美好寓意。可对于不爱茶的人来说，喝上一口，那简直就是遭受一场“水厄”（水灾）。清雅的茶，为何会有“水厄”之名呢？

据《世说新语》记载：“王濛好饮茶，人至辄命饮之，士大夫皆患之，每欲往候，必云今日有水厄”。

王濛是东晋名士，字仲祖，年轻时放荡不羁，后来克己励行，获得风雅潇洒好名声，成为当时名士的典范。王濛嗜好饮茶，是当时有名的茶痴，王濛自己不但爱茶成痴，还非常热衷用茶来招待客人，凡从他门前经过的人都被请进去喝茶，人们碍于面子只好相陪。但是，东晋的大臣中有不少是从北方南迁的士族，他们根本喝不惯茶，只觉得茶苦涩得难以下咽，又碍于情面不得不喝，所以到王濛家喝茶，一时成了“痛苦”的代名词。于是，人们每次去王濛家时，临出行，就戏称“今日有水厄”。

“水厄”一词由此而生。“水厄”从字面上理解就是因水而生的厄运。后来，水厄成了茶的一个别称，并一直流传下来。因为茶痴王濛的好客之举，清雅无比的茶叶平白无故得了一个“水厄”的贬称，让人不得不为茶叶喊声冤枉。

明代王稚登有诗《题唐伯虎烹茶图为喻正之太守三首（其三）》云：

伏龙十里尽香风，正近吾家别墅东。
他日干旄能见访，休将水厄笑王濛。

王肃“酪奴”

据北魏人杨衒之《洛阳伽蓝记》卷三《报德寺》记载：

肃初入国，不食羊肉及酪浆等物，常饭鲫鱼羹，渴饮茗汁。京师士子道肃一饮一斗，号为漏卮。经数年以后，肃与高祖殿会，食羊肉酪粥甚多。高祖怪之，谓肃曰：“卿中国之味也，羊肉何如鱼羹？茗饮何如酪浆？”肃对曰：“羊者是陆产之最，鱼者乃水族之长，所好不同，并各称珍，以味言之，甚是优劣。羊比齐鲁大邦，鱼比邾莒小国，唯茗不中与酪作奴”。

王肃，字恭懿，琅琊（今山东临沂）人。他原来在南朝齐国任秘书丞，没想到他的父亲王奂和他的兄弟们被齐国皇帝萧颐杀害，只逃出他一人。愤恨之下，他便从建康（今江苏南京）投靠北魏（今山西大同，是其首都）。北魏孝文帝是一代明君，随即授予他大将长史的官职。后来，王肃为北魏立下赫赫战功，得到了“镇南将领”的封号。

王肃在南朝做官时，喜爱喝茶。到了北方，入乡随俗，又喜欢上了羊肉和奶酪。有人问他：“茶与奶酪相比，孰优孰劣？”

王肃回答说：“这羊肉是陆地上出道最鲜美的食物，鱼是水族中最好的，正是春兰秋菊各有好处，都是难得的珍味。这羊好比是齐、鲁这样的大国，鱼就好比邾、莒这样的小国。茶是不能给酪浆作奴仆的！”

这个故事一传开，茶叶因此便有了“酪奴”这样一个贬义的别名。其实，当被问到“茗饮何如酪浆”时，王肃反复重申茶是不能给酪浆做奴隶的，意思是茶的品位绝不在奶酪之下。但后人们却把茶称作“酪奴”，将王肃的本意完全弄反了。

马换《茶经》

唐朝末年，各路藩王纷纷割据，与朝廷对抗。朝廷为平息叛乱，急需军用马匹。

北方的回纥国，以食牛羊肉为生，需要茶叶助消化。回纥国不产茶，却出产宝马，每年派使者到唐王朝来，以马换茶。

这一年，正值金秋，唐朝使者按照过去的惯例，带上一千多担上等好茶叶，囤积边关，准备回纥国使者来此以茶换马。

过了两天，回纥的使者到了，他们带了马匹，也囤积在边关。

唐朝使者站在边城箭楼上远眺，只见远处白马似白云飘扬，黄马似黄金流动，黑马似乌龙搅水，红马似火球翻滚。心想好一批战马，果然名不虚传。

唐朝使者心中大喜，打开边关大门，迎接回纥使者。

只听回纥使者说道：“今年想与天朝上国换一本种茶和制茶的书，名叫《茶经》。”

唐朝使者没有见过这本书，又不好言明，只好顺水推舟地问道：“贵国打算用多少马匹换我们这本书呢？”

回纥使者说：“千匹良马，换取一本《茶经》。”

唐朝使者大吃一惊，忙问：“这是不是你们国王的旨意？”

回纥使者说："我身为使者，自然代表我们国王的旨意。"

两位使者写好国约，画了押。

唐朝使者星夜赶回朝廷，向皇帝禀奏此事。

皇帝下圣旨，寻找《茶经》。但不知何故，那些文人学士翻遍了书库，也没有找到《茶经》这本书。

这下，唐朝使者急了，因为双方订的协议是有期限的。日期一到，失约者受罚不说，朝廷急用的马匹也到不了手。皇帝赶紧召集群臣商议。

有位大臣站出来奏说："十几年前，曾听说有个陆羽，他是品茶名士，因为是山野之人，谁也没有重视他。《茶经》也许是他写的，如今只有到江南陆羽住处去查了。"

皇帝准了奏，立刻选派官员去湖州苕溪寻找陆羽和他的《茶经》。只见陆羽寓居的茅庐早已破败。追问当地的茶农，经茶农指点，官员赶到杼山妙喜寺去访问。因为那里有和尚，和陆羽交往甚密。到了妙喜寺，才知道那个和尚早已圆寂。寺中青年方丈说："听师父讲过这本《茶经》，陆茶神活着时，就带到家乡竟陵去了。"

官员听后，只得星夜上路，奔赴竟陵。一到竟陵城，就到西塔寺访问。

西塔寺的和尚说："茶神在世时，是写不少书，听说他带到了湖州。"官员连日奔波，一听，又转回去了，好不丧气，一点法子也没有，只好准备回京师复命。

他骑在马上，正准备动身，这时候，只见一位秀才拦住马头，高声说："我是竟陵皮日休，来向朝廷献宝。"

官员问他："你有何宝可献？"

皮日休捧出《茶经》三卷，献给官员。官员大喜，连忙下马，双手捧住，揣在怀里。

官员说："我到京师后，向朝廷推举你，这个《茶经》可有底卷？"

皮日休说："还有抄本，正在请匠人刊刻。"

官员回朝交了旨。

唐使来到边关，把《茶经》递给回纥使者。

回纥使者好不容易得到了无价之宝，立刻将千头良马悉数交给唐使。

从那以后，《茶经》开始传到国外，并有多种文字译本，供各国茶人研究。马换《茶经》的传说，也就一直传诵了千百年。

陆卢遗风

古时候很多茶楼、茶馆中都挂有"陆卢遗风"的匾额，有的还挂有"陆卢经品"的金字招牌。这是从何而来的呢？

唐代陆羽因编写《茶经》而被人们尊为茶圣，爱茶之人十分熟悉，而卢仝也是同一时代爱茶、饮茶、品茶的名家，被人们奉为"亚圣"。他与陆羽是一对莫逆之交，经常一起赏茶、研茶，"陆卢遗风"就是为了纪念陆羽、卢仝两位品茶名家。

陆羽一生爱茶如命，走了许多名山大川，品尝了许多好茶。

一天，陆羽提着一只竹篮，篮子上盖了块白布，走到一个大户人家门口，闻到茶香扑鼻，便笑脸迎上去。门公却冷冷地问："做啥？"陆羽笑嘻嘻地说："讨茶。"门公怕听错，又问了一句："讨饭还是讨茶？"陆羽彬彬有礼地说："求门公赐茶。"门公觉得这个人好奇怪，清早不讨饭却讨茶？也从来没有听说过叫花子讨茶。看陆羽眉清目秀，又不像是个讨饭的，于是就倒了一盅茶给

他。香茶上口，陆羽发现这是新品种，心里暗暗称赞：好茶！再一想，门公能喝这样的好茶，主人用的茶一定会更好。于是“得寸进尺”，开口对门公说：“烦劳门公，我想求见主人。”门公看此人不同凡俗，便进去禀报。

主人卢仝生平爱茶，此时正在书房。

“禀老爷，说来稀奇，有一个讨茶的叫花子求见。”

卢仝一听又好气又好笑，心想：只有讨饭的叫花子，哪来讨茶的叫花子？或许门公说错了。问道：“讨什么？”

门公答道：“讨茶，讨茶。”

卢仝想了一想，于是说：“就让他进来吧。”

门公把陆羽领到书房。卢仝一看，来者长得端庄文静，非同一般，就拿出一些长似带状的茶叶，泡在茶壶里，顿时满屋芳香。这就是有名的“玉带茶”。

陆羽闻到茶香缭绕，点头含笑，连连称赞：“好茶”，并说：“可惜啊！可惜！”卢仝忙问：“老兄，可惜什么？”“可惜茶具不好。”卢仝虚心请教：“有烦先生指教！”

这时，陆羽提起竹篮，把盖在篮子上的白布揭开，原来里面放的是一只紫砂茶盘，上面有一把紫砂茶壶，四只紫砂茶盅。陆羽笑着说：“用你的茶具只能屋里香，用我的茶具可以使这几间屋子里外闻香。”卢仝觉得新奇，便拿陆羽的茶壶泡茶，茶刚泡开，果然满院香气四溢。

卢仝喜出望外，知道陆羽是个有学问的人，两人结拜成兄弟。从此以后，陆羽和卢仝，乞茶求艺成“两圣”，就在民间传开了。

他们两人为探讨茶的学问四处奔走。听说江南苏州虎丘山明水秀，泉水从岩石里沁出，就跑去用那里的山泉煮茶，茶水甚为甘美。后人为了纪念陆羽到苏州考察，在虎丘建有陆羽楼。

“水递”惠山泉

晚唐武宗时期宰相李德裕饮茶对水要求极高，甚至不惜代价只为求得好水。关于他辨水品水的故事很多，宋代唐庚在他的《斗茶记》中讲述了李德裕不惜代价，“水递”惠山泉的故事。

“茶圣”陆羽在《茶经》中，将无锡的惠山寺石泉水列为仅次于庐山康王谷谷帘泉之水的天下第二泉，用此水烹制的茶汤，清冽回甘，沁人心脾。对于水质极为讲究的宰相李德裕，自然对惠山泉格外“垂青”。奈何他身在京城长安为官，与无锡有数千里之遥，而且请人捎带的机会并不多，要怎样才能喝上惠山泉冲泡的茶呢？唐德宗时，宫廷内为吃到上等的吴兴紫笋茶，特地命吴兴的地方官每年进贡紫笋茶时必须日夜兼程，在清明节前赶到京城，有人将此称之为“急程茶”。受此启发，李德裕决定充分利用自己身为宰相的权势，便下令建立起一条从京城到无锡汲取惠山泉的特快专递线，这条专递线被人们称为“水递”。李德裕“水递”惠山泉，使品茶这一本来很雅致淡泊之事，变得穷奢极欲，失去真意。

据说，后来一位僧人专程前来拜谒李德裕，并对他说：“我已为您打通一条‘水脉’，长安城内现有一眼井水，其水与惠山泉同出一脉，用它来烹茶，味道同惠山泉水丝毫不差。”李德裕怎能轻信僧人的一面之词，便追问道：“如此，敢问大师，此井身在京城何处，”僧人双手合十，回答说：“昊天观井水即是。”李德裕仍然半信半疑，为辨真假，他派侍从将惠山泉水和昊天观井水各取来一瓶，混在其他八瓶水中，让僧人分辨。说来也奇，这僧人轻而易举地将装有惠山泉和昊天观井水的两只瓶子找出，使得李德裕更加惊叹。“高人通水脉”这个故事是后人编造出来的，难免有些荒诞离奇。然而，李德裕“水递”惠山泉的故事却作为过度奢侈的典型被众人批评。

吃茶去

“吃茶去”是赵州和尚最著名的公案。赵州和尚法名从谂，俗姓郝，唐代曹州郝乡（今山东曹县一带）人。他幼年出家，得道后，弘扬禅法，人称“赵州古佛”。赵州和尚嗜茶成癖，每日的口头禅就是“吃茶去”。“吃茶去”实际上是一则禅林法语，说起它的来历，却有一段有趣的故事。

一天，有位僧人前来赵州和尚处。赵州和尚问他：“你以前曾到过这里吗？”僧人回答说：“曾经到过。”赵州和尚说：“吃茶去。”

不久又有另一个僧人来到。赵州和尚问：“曾经到过这里吗？”僧人如实回答：“以前不曾到过。”赵州和尚对他说：“吃茶去。”

事后赵州禅院院主不解其意，问赵州和尚：“为什么到过也说吃茶去，不曾到过也说吃茶去？”当时赵州和尚突然高声叫道：“院主！”院主大吃一惊，不知不觉应了一声。赵州和尚马上就说：“吃茶去。”

遇茶吃茶，遇饭吃饭，平常自然，这是参禅的第一步。饮茶与悟道有着可意会而不可言传的性质，所谓“佛法但平常，莫作奇思想”，若想悟道，当不假外力，不落理路，全凭自家，若是忽地心花开发，便打通一片新天地。

赵州和尚对曾经到过的僧人，对了悟的人和未了悟的人，都一样请他们“吃茶去”。这“吃茶去”充满了禅机。赵州和尚选用这不着边际、稀奇古怪的话头和机锋，作为开启智慧的偈语，目的就是要用一种非理性、非逻辑的手段，斩断枝蔓，直抵要害，使人顿悟，以达物我两忘的终极境界。这便是禅意，也是一种心灵的自由、自然之境。

赵州和尚到了物我两忘、心灵澄空的境界后，顺乎自然拈来的便是茶，吃茶对他来说已经成为同吃饭、喝水一样的本能。但这里的“吃茶去”已非单纯日常意义上的生活行为，而是借此参禅与了悟的精神意会形式，意味着佛法禅机尽在吃茶之中，故而清代湛愚老人《心灯录》称赞：“赵州‘吃茶去’三字，真直截，真痛快！”

赵州和尚这三声颇有意味的“吃茶去”说出后，很快在佛教界流传开来，成为一句禅林法语，又称为赵州法语，在禅林中成为一大著名典故，经常在禅家的公案中为僧侣所喜闻乐道。据《五灯会元》记载，僧侣说法回答中，其机锋用语常常用“吃茶去”。据《石堂偈语》记载，清代著名法师祖珍和尚为僧徒开讲说：“此是死人做的，不是活人做的，白云恁么说了，你若不会，则你俱是真死人也，立在这里更有什么用处，各各归寮吃茶去。”

这一佛教法语还广泛流传到了俗世间，不仅作为著名茶事典故入诗，而且在茶肆茶楼及茶人聚会的场所，也常常可以看到“吃茶去”的大招牌。

苦口师

茶有许多别称，比如忘忧草、王孙草、晚甘侯、不夜侯等，还有一个“苦口师”的名称，这个别称与晚唐大诗人皮光业有着密切联系。

皮日休之子皮光业，字文通，自幼聪慧，十岁能作诗文，颇有皮日休的风采。皮光业容仪俊秀，善于言谈，风流倜傥，于吴越国天福二年（937年）拜丞相。

宋代陶谷《清异录》中就记载了这样一个故事：说皮光业最沉迷于喝茶，有一日，皮光业的表兄弟请他去品尝新鲜的柑橘，更是设宴好好款待下这个贵戚。聚会那日，满朝上下，百官云集，达官贵族一应俱全。宴席也都是美味珍馐，美酒香茶。当热闹之时，皮光业驾到。今天虽然是品柑橘之宴，但是因为天气炎热的缘故，皮光业却没有心情在这柑橘上。皮光业对新鲜甜美诱人的柑橘一眼不瞧，进门就大呼要喝茶。于是，侍奉的下人赶忙端来一大海碗的茶汤，皮光业也不顾丞相的威仪了，捧起碗来就是一顿猛喝。喝完以后，抹抹嘴角，才觉得舒坦起来。不一会儿就听他即兴吟诗一首："未见甘心氏，先迎苦口师。"旁边的人一听是丞相给作的诗，赶紧记录下来。大家都把这件趣事在坊间传颂。

久而久之，茶就有了雅号"苦口师"。

贡茶得官

在唐朝时开始出现贡茶一事。皇帝喜好品饮好茶，当时的一些官吏为了得到皇帝的宠幸和重用，每年都争先向朝廷进贡新茶。然而到了北宋宋徽宗时期，由于政治上昏庸无能的宋徽宗赵佶对饮茶极为钟爱，导致朝廷贡茶者越来越多，为了满足帝皇大臣们的欲望，贡茶的征收名目越来越多，制作也越来越"新奇"。对于贡茶有功者，宋徽宗都重加录用。因此，有人竟然将贡茶当成是一种加官晋爵的"敲门砖"，专程搜寻研制各种好茶，借以谋求升官发财之道。

据《苕溪渔隐丛话》记载，宣和二年（1120年）时，负责漕运的郑可简制成一种银丝冰芽贡茶"方寸新"，也就是方寸大小的茶团，这种团茶色如白雪，故名为“龙园胜雪”。郑可简将此茶进贡给皇帝之后，宋徽宗龙颜大悦。郑可简也因此茶而备受隆恩，官升至右文殿修撰、福建路转运使。福建路相当于今天的福建省，转运使是负责运输事务的官员，北宋前期转运使职权扩大，实际上已成为当地的最高行政长官，这个职位是一个大“肥缺”。

此后，郑可简派遣自己的侄子郑千里四处搜寻各种名茶。郑千里常常不远万里，翻山越岭，找寻香茗。终于有一天，郑千里找到一种名为“朱草”的名茶。

郑可简本就是个心狠手辣、无情无义的人。为了让儿子郑待问也能够获得一官半职，当他听说侄子郑千里找到名茶“朱草”后，便派人巧取豪夺，将“朱草”据为己有，由郑待问上贡宫中。果然，宋徽宗也赏赐了郑待问一顶乌纱帽。当时有人暗地里讥讽父子俩说：“父贵因茶白，儿荣为草朱”。被夺“朱草”的郑千里深感不平，对郑家父子心存忌恨，痛骂他们心黑手辣、无情无义。

郑待问贡茶得官后衣锦还乡，在府上大摆筵席以示庆贺，众人虽然心里都以为不齿，表面上却都为之称赞道喜。得意忘形的郑待问酒酣耳热之际，洋洋自喜地说道：“一门侥幸。”未等众人反应，只听宴席中突然出现一个愤愤不平的对答声：“千里埋冤。”众人表面不说，内心却无不暗暗叫好。

宋徽宗以贡茶赐官，荒唐至极。而郑家父子竟然夺人之茶，据为己有，只为借此获得官职。茶在这些人手中，已经失去了原有的意义，变成夺取功名利禄的一件工具。

王安石鉴水

王安石老年患有痰火之症，虽服药，却难以除根。太医嘱饮阳羡茶，并须用长江瞿塘中峡水煎烹。苏轼被贬为黄州团练副使时，王安石曾请他到府上饮酒话别。临别时，王安石托他："倘尊眷往来之便，将瞿塘中峡水携一瓮寄与老夫，则老夫衰老之年，皆子瞻所延也。"

苏轼从四川返回时，途经瞿塘峡，其时重阳刚过，秋水奔涌，船行瞿塘，一泻千里。苏轼此时早为两岸峭壁千仞、江上沸波一线的壮丽景色所吸引，哪还记得王安石中峡取水之托，过了中峡苏轼才想起王安石的嘱托。

苏轼是位洒脱的人，心想上、中、下三峡相通，本为一江之水，有什么区别？再说，王安石又如何分辨得出来呢？于是汲满一瓮下峡水，送到王安石家。

王安石大喜，亲以衣袖拂拭，纸封打开，又命侍儿茶灶中生火，用银铫汲水烹之。先取白定瓷碗一只，投阳羡茶一撮于内。候汤如蟹眼，急取起倾入。其茶色半晌方见。王安石眉头一蹙，问苏轼道："这水取于何处？"苏轼慌忙搪塞道："是从瞿塘中峡取来的。"王安石再看了看茶汤，厉声说道："你不必欺瞒老夫，这明明是下峡之水，岂能冒充中峡水！"苏轼大惊，急忙谢罪，并请教王安石是如何看出破绽的。

王安石说："这瞿塘峡的上峡水性太急，下峡则缓，唯有中峡之水缓急相半。太医以为老夫这病可用阳羡茶治愈，但用上峡水煎泡水味太浓，下峡水则太淡，中峡水浓淡适中，恰到好处。但如今见茶色半晌才出，所以知道这是下峡水了。"

这等鉴水能力，我们似曾相识，那就是陆羽品中泠水，李德裕明辨建业水，而王安石的鉴水能力肯定不在二人之下。

苏轼梦泉

“苏轼梦泉”掌故来自苏轼《参寥泉铭》诗中的“真即是梦，梦却是真。石泉槐火，九年而信。”

宋熙宁四年至七年（1071—1074 年），苏轼任杭州通判，与诗僧道潜（号参寥子）友情非常深厚，两人常在一起论诗品茶。

元丰三年（1080 年），苏轼被贬，谪居黄州。有一天，苏轼梦见参寥子携诗来访，两人唱和甚欢，参寥子有不少好诗。但苏轼一觉醒来，只记得其中的两句“寒食清明都过了，石泉槐火一时新”。梦中苏轼问：“火可以说新，但泉为什么也能称新呢？”参寥子回答说：“因为在民间，清明节有淘井的习俗，井淘过了，泉就是新的。”

元祐四年（1089 年），苏轼又一次来杭州，参寥子居住在孤山的智果精舍。苏轼在寒食节那天去拜访他，只见智果精舍下，有一泉水从石缝间流出，是刚重新开凿而得到的泉水，比以前更加清澈甘洌。参寥子便撷新茶，钻火煮泉，招待苏轼。此情此景，不由得使苏东坡又想起了九年前的梦境及诗句。感慨之下，苏轼作了一首《参寥泉铭》，并刻在石上。铭文是：

在天雨露，在地江湖。
皆我四大，滋相所濡。
伟哉参廖，弹指八极。
退守斯泉，一谦四益。
予晚闻道，梦幻是身。
真即是梦，梦却是真。

石泉槐火，九年而信。

夫求何信，实弊汝神。

竹符调水

“竹符调水”掌故来源于宋代苏轼的“买田阳羡”。

苏轼嗜茶，闲居宜兴蜀山后，经常与名士文人品茶吟诗、说古道今。他喝茶特别讲究，每日叫仆人到金沙寺旁的金沙泉挑水，用金沙寺旁玉女洞中的金沙泉水煮阳羡茶。

金沙泉离蜀山有十七八里路，每日要到金沙泉去挑水，不免有点厌倦。有一次，仆人从金沙泉挑水回来途中，不小心把水桶打翻了，就在蜀山附近的蠡河里挑了一担河水回来充数。苏轼沏茶品味，觉得茶味没有以前的甘醇，便追问仆人，仆人只得如实相告。为杜绝此现象，苏轼模仿古代调兵遣将常用的信物（虎符），做成两片竹片，并在竹片上做好记号，一片自己保管，另一片交给金沙寺里的老和尚。仆人每次去取水，苏轼就把自己保管的那片竹片交给仆人，仆人到金沙泉取水时把这竹片交给老和尚，然后老和尚把另一片竹片交给仆人带回。苏轼一看仆人带回来的竹片，就知道仆人挑回来的是不是金沙泉水。从此后，仆人再也不敢欺瞒主人，老老实实去金沙泉挑水。

这竹片是用来当作调水符号的，苏东坡就把这竹片戏称为“调水符”，并作诗：

欺谩久成俗，关市有契繻。

谁知南山下，取水亦置符。

古人辨淄渑，皎若鹤与凫。

吾今既谢此，但视符有无。

常恐汲水人，智出符之余。
多防竟无及，弃置为长吁。

禁造“密云龙”

禁造“密云龙”，是宋代高太后垂帘听政后做出的与政事无关，却又让后人印象深刻的决定。

“密云龙”是宋神宗时建安所产的一种团茶，这种茶是为皇室特制的，它以黄金色袋封装，比喻帝王的服饰，称为“黄金缕，密云龙”，为当时北苑贡茶中比小龙团更为精绝、精心采焙制造的名茶，主要用于皇室宗庙的供奉之品以及皇上御用，极少在朝野间流传。叶梦得在《石林燕语》中亦曾记载道：“熙宁中，贾青为福建路转运使，又取小团之精者为密云龙，以四十饼为一斤，而双袋谓之双角团茶。大小团茶皆用绯，通以为赐也；密云龙独用黄盖，专以奉玉食”。据孙月峰《坡仙食饮录》记载：“密云龙”之味极为甘馨，苏轼对此奉为至宝。苏轼在《行香子·茶词》中写道：“看分香饼，黄金缕，密云龙。”

宋元丰八年（1085年），宋神宗赵顼病死，年仅十岁的太子赵煦（哲宗）即位，神宗的母亲宣仁太后高氏以太皇太后的身份实行垂帘听政。其时，哲宗皇帝太小，常拿贵重的“密云龙”赏赐给出色的大臣及皇族人士，而皇亲国戚及权贵近臣们总是厚着脸皮求赐。乞赐的人越来越多，弄得一向节俭的高太后烦恼不堪，无法招架。宋人周辉在《清波杂志》有记载，元祐初年，高太后痛下决心，下令建州不许再造“密云龙”，连团茶也不要再造了。她说：“这样免得经常受人‘煎炒’，不得清静”。又说：“拣这些好茶吃了，又生得出什么好主意？”这一番话传出后，密云龙的

身价更高，在朝野官绅之间无不视为至宝，人人都想居为奇货。

高太后禁造“密云龙”，非但没使宋代制茶工艺水平停滞不前，反而使之更上了一个台阶，这真是高太后始料所不及的。自此以后，“密云龙”的故事就成了传说，但是“密云龙”的制造工艺却偷偷地保留下来，在民间不断流传。

谦师得茶三昧

谦师得茶三昧，出自宋代苏轼的诗《送南屏谦师》。

元祐四年（1089 年），苏轼第二次来杭州上任，这年的 12 月 27 日，他正在游览西湖葛岭的寿星寺。南屏山麓净慈寺的谦师，听到这个消息，便赶到北山，为苏轼点茶。

苏轼品尝谦师的茶后，感到非同一般，专门为他作诗一首，记述此事，诗的名称是《送南屏谦师》，诗中对谦师的茶艺给予了很高的评价：

道人晓出南屏山，
来试点茶三昧手。
忽惊午盏兔毛斑，
打作春瓮鹅儿酒。
天台乳花世不见，
玉川凤液今安有。
先生有意续茶经，
会使老谦名不朽。

苏轼在诗前引言中还说：“南屏谦师妙于茶事，自云得之于心，应之于手，非可以言传学到者。”

谦师“得茶三昧”很是有名，北宋史家刘攽亦有诗赠谦师，有句云："泻汤夺得茶三昧，觅句还窥诗一斑。"之后历代诗人常将此典入诗。明韩奕有《白云泉煮茶》："白云在天不作雨，石罅出泉如五乳。追寻能自远师来，题咏初因白公语。山中知味有高禅，采得新芽社雨前，欲试点茶三昧手，上山亲汲云间泉。"此后，众人便把谦师称为"点茶三昧手"。

赌书泼茶

"赌书泼茶"一般用来形容夫妻之间的琴瑟鸣和、相敬如宾。

"赌书泼茶"掌故出自李清照的《〈金石录〉后序》，文中李清照曾追叙她婚后屏居乡里时与丈夫赌书的情景，文中说："每获一书，即共同勘校，整集签题，得书画彝鼎，亦摩玩舒卷，指摘疵病。夜尽一烛为率。故能纸札精致，字画完整，冠诸收书家。余性偶强记，每饭罢，坐归来堂烹茶，指堆积书史，言某事在某书、某卷、第几页、第几行，以中否角胜负，为饮茶先后。中即举杯大笑，至茶倾覆怀中，反不得饮而起。甘心老是乡矣。"

李清照和丈夫赵明诚喜爱读书和藏书，李清照的记忆力又强，所以每当饭后，李清照夫妇就座于"归来堂"上一起烹茶，用比赛的方式决定喝茶的先后。往往是一人问某典故出自哪本书的哪一卷的第几页、第几行，答中者先喝。

据说有一次，李清照正在喝茶，赵明诚说错了，李清照"扑哧"一笑，不仅茶没喝到嘴里，还泼了自己前襟一身茶水。清代才子纳兰容若有感于李清照夫妇的伉俪情深，在《浣溪沙》中留下了"赌书消得泼茶香"的千古名句，纪念亡妻卢氏。"谁念西风独自凉，萧萧黄叶闭疏窗，沉思往事立残阳。被酒莫惊春睡重，赌书消得泼茶香，当时只道是寻常。"

读书喝茶本是雅事，李清照夫妇能把这雅事玩出花样来，可见两人的情投意合，伉俪情深。

“赌书消得泼茶香”，寻常的幸福生活，不易得，容易去，且行且珍惜。

禁茶杀婿

茶是明朝制衡边境少数民族的武器，朱元璋因其女婿欧阳伦扰乱“茶马交易”而决然将其杀掉。

我国自唐代建中元年开始征收茶税。自宋代又盛行由国家专营以茶换马的“茶马交易”。到了明朝初年，四川、陕西等地设立“茶马司”，主持茶马交易。由于茶叶是西部民族不可缺少的生活必需品，明王朝挟此要境外民族“纳马易茶”，以补内地军马之不足，而强军备。为此，明王朝规定运往境外的“边茶”，由“茶马司”统一经营，称“官茶”。严禁私自贩运，否则，处罚极重，无人敢犯。

洪武末年，驸马都尉欧阳伦“奉旨至川、陕”，发现将川茶私运出境销售，能赚大钱，他自恃皇亲国戚，数遣私人贩茶出境，派管家周保做起私茶生意来。对欧阳伦的犯法行径，边疆大吏没有人敢问，陕西布政（相当于省长）屈于权势，令下属为其“开绿灯”，准予通行，并提供运茶车辆方便。周保则更是有恃无恐，随处课派茶农车辆，动辄达数十辆之多。所过之处，骚扰至极。一次贩私茶至兰县（今兰州市）渡河，河桥司巡检依法前往稽查，反遭辱打。这位河桥小吏气愤至极，冒死向明太祖朱元璋告发了欧阳伦的走私行为。

欧阳伦是安庆公主的丈夫，安庆公主是朱元璋极为宠爱的女儿。所以，论私情，欧阳伦乃是朱元璋的爱婿。但朱元璋懂得“有法必行，无信不立”的道理，知道不能“私废公法”，便在盛怒之下，将欧阳伦赐死，周保等诛杀，茶货没收入官，兰县河桥司巡检能够秉公执法，不避权贵，受到嘉奖提拔。

茶酒争高

明代冯梦龙纂写《广笑府（卷八）》中记载：茶谓酒曰："战退睡魔功不少，助成吟兴更堪夸；亡家败国皆因酒，待客如何只饮茶！"酒答茶曰："瑶台紫府荐琼浆，息讼和亲意味长；祭祀筵宾先用我，何曾说着淡黄汤？"各夸己能，争论不已。水解之曰："汲井烹茶归石鼎，引泉酿酒注银瓶；两家且莫争闲气，无我调和总不成。"

茶如隐逸，酒如豪士；酒以结友，茶当静品。喝酒热闹，酒的霸道与无所顾忌，总是令人相望于江湖，醉眼迷离中也流露出一分真意。喝茶雅静，茶的由苦回甘、丝丝入心的幽香，总是让人回味无穷，闲适中自带了一份文雅！酒和茶皆是饮中翘楚，茶的含蓄内敛和酒的热烈奔放，更是两种品味生命、解读世界的不同方式。

北方人近酒，而南方人近茶。倚剑独饮，可以吸燕赵秦陇之劲气；雨窗小啜，则如沐江南吴越之清风。云水中载酒，松篁里煎茶！云水，取其广，取其畅；松篁，则取其清，取其幽。饮酒则酣畅淋漓；喝茶且清静闲幽！区别于酒的热闹，茶是孤独的，适于幽窗棋罢，古桐三弄。

酒与茶，是文人骚客们一直钟爱的创作题材！诗是酒之华，酒喝多了，便忘了自我。便无牵无挂，无拘无束，尽显豪迈洒脱。

大文豪李白是出名的“酒仙”，常常在豪饮后挥墨写出佳句，“人生得意须尽欢，莫使金樽空对月”，是何等的豪迈！曹操的“对酒当歌，人生几何？譬如朝露，去日苦多。慨当以慷，忧思难忘。何以解忧？唯有杜康。”怎能不让人感慨万千？

在唐代，茶既为国饮，又正逢诗歌的时代，茶诗就蓬蓬勃勃地染绿了人们的视野，茶诗浩如烟海，“木兰沾露香微似，瑶草临波色不如”“尝频异茗尘心净，议罢名山竹影移”……善饮茶者，能神清气爽、心平气和地领略茶之真味。所以，爱茶之人的心是清静、闲适、平淡的，茶诗的韵味也是如琉璃般绚丽、清澈、超凡脱俗的！

《茶酒论》中说茶的重要性写道：“百草之首，万木之花，贵之取蕊，重之摘芽，呼之茗草，号之作茶”；“饮之语话，能去昏沉”；“贡五侯宅，奉帝王家，时新献入，一世荣华，自然尊贵，何用论夸”。所以，称茶为“素紫天子”，说它是“玉酒琼浆，仙人杯，菊花竹叶，君王交接”。所以，中国人虽然爱酒，也爱茶，但是，在文化上，茶的位置总是要比酒高几分。出现这种现象，不仅是由于文人的渲染，而且有着深刻的民族背景。

西方人直率，但容易暴烈，好走极端，性格如火，如酒。而中国人含蓄、沉静、耐力强，务实而不好幻想，如茶。综观茶与酒在文人中的地位，有一个从酒领诗阵，到茶酒并坐，再到茶占鳌头的过程。

茶也能给人以刺激，使人兴奋。它和酒不同的是，人们对它的乐而不乱，嗜而敬之，能使人在冷静中对现实产生反思，在沉思中产生联想，能够在联想中把自己带到生活的彼岸。唐代诗人卢仝，在他最著名的《走笔谢孟谏议寄新茶》诗中写道：

一碗喉吻润，二碗破孤闷。三碗搜枯肠，唯有文字五千卷。

四碗发轻汗，平生不平事，尽向毛孔散。五碗肌骨清，六碗通仙灵。七碗吃不得也，唯觉两腋习习清风生。

“一碗喉吻润”，还只是物质效用。“二碗破孤闷”，已经开始对精神发生作用了。三碗喝下去，神思敏捷，李白斗酒诗百篇，卢仝却是三碗茶可得五千卷文字。四碗之时，人间的不平、心中的块垒，都用茶浇开了，正说明儒家茶人为天地立命的奋斗精神。待到五碗、六碗时，便肌清神爽，而有得道通神之感。表面上看，饮到最后一碗，可以飞上蓬莱仙山。

俗话说：“酒醉误事且伤身，茶浓醒神又延寿。”以下是唐伯虎醉酒失礼的故事：话说唐伯虎新婚，随妻去岳母家，醉酒卧床，适逢小姨走过，见其被子一半拖于床下，便上前为姐夫盖被。醉中之唐伯虎以为妻子来了，伸手拉她。小姨一缩手，竟抓住她衣角。小姨一挣，气愤而走。唐伯虎一翻身，又鼾声大作。小姨走到门口，回头看看酣睡中之姐夫，提笔在墙上题诗：“好心来扶被，不该拉我衣，我道是君子，原来是赖皮。可气、可气！”

伯虎醒来见诗，依稀忆起适才之事，羞得无地自容，也在旁边写诗一首：“酒醉烂如泥，不分东和西。我道房中妻，原来是小姨。失礼、失礼！”

唐伯虎走后，岳母见诗，知道他们之间有误会，在后面添上诗一首：“女婿拉妻衣，不防拉小姨。怪我多劝酒，使他眼迷离。莫疑、莫疑！”并叫伯虎和小姨一同去看诗，二人冰释前嫌。

四才子与四贤茶

据《吴门四才子佳话》记载，祝枝山、唐寅、文徵明、徐祯卿四人，在季春时节游山玩水，只见绿树成荫、花满枝头了。不

知不觉中已到了泰顺境地，已是饥肠辘辘，找了一家干净的酒家进膳。酒足饭饱之后，昏昏欲睡，想饮一杯茶来解解渴。唐寅喊来店小二说：“久闻泰顺地区产好茶，请泡四杯茶来”。

小二送来四杯上等好茶，给这几位客官解渴。早已干渴难耐的唐寅，伸手拿茶来饮，祝枝山拦住他的手说：“慢来，我们恰好四人，正好集句联诗，每人一句，你看如何？”他们三人知道老祝的脾气，不依他是喝不成茶的。于是，叫小二拿纸笔墨砚来。唐寅抢过纸笔来，写了一句“午后昏然欲入眠”，捧过茶杯，连喝几口说：“好茶、好茶，又香又甜”。祝枝山拿过笔来，一挥而就。文徵明一看，写的是“清茶入口正香甜”。文徵明说：“这哪里是诗，是顺口溜”。祝枝山道：“怎么啦，是韵脚不对么，请兄台指教，我们的起承已写好，那就看二位仁兄的转合了。”

弄得文徵明哭笑不得，拿过笔来写了一句“茶余或可添诗兴”；也捧起茶杯转过身来喝他的茶去了。这下只可苦了徐祯卿，他们抢先题诗、喝茶，他根本没管，轮到他题诗，一时想不起来……

唐寅喝过了茶说：“这个茶余嘛，就是喝过茶以后吗？”徐祯卿被唐寅一句点醒，忙拿起笔写了一句“好向君前唱一篇”。四人相视大笑。

他们四人联句饮茶，早已惊动邻座一位客官，走过来说：“兄台请了，你们的大作能否给我一观”。唐寅将诗稿递给客官。客人看过后连说：“好诗、好诗”。

唐寅说：“这算什么好诗，只不过逢场作戏罢了。”

客官说：“对别人来说，也许有点，但对我来说，却是天下难得的好诗”。

文徵明说：“请道其详。”

“实不相瞒，真人面前不说假话，我是秦顺茶庄的老板，刚才四位喝的茶，就是敝人茶庄的茶叶，这首诗能否卖给我？”

“这倒不必，送给你就是。”文徵明说。

“我也不能白要你们的诗，奉送每位兄台一斤茶叶如何？”

“那感情是好。”文徵明答。

客官叫店小二到他的茶庄拿四盒茶叶来，每斤一盒，一盒装四种名茶。如今有了这四位才子的诗，就是名副其实的“四贤茶”。

这位老板回到茶庄，请人把他们四人的诗用刻板刻好印出来，印上“四贤茶”的招牌。凡是来买茶的人，买一盒茶叶，送上一首诗，这个消息不胫而走，一传十、十传百，整个吴中的文人、秀才，都赶来买“四贤茶”，一时传为佳话。

茶淫橘虐

张岱，号陶庵，明末清初的文学家、史学家，癖好饮茶，在《自为墓志铭》中自称为“茶淫橘虐，书蠹诗魔”。“茶淫橘虐”意思是喜爱品茶和下象棋。淫、虐都是指过分地喜爱；橘是指“橘中秘”，即棋谱。

张岱这位“茶淫”，不仅精于鉴茶，善于辨水，深谙茶理，传神摹写茶人茶事，还创制名茶，玩赏茶具，介绍茶馆。

在张岱的心目中，茶的重要性超过了柴米油盐。他在《斗茶檄》中说：“八功德水，无过甘滑香洁清凉；七家常事，不管柴米油盐酱醋。一日何可少此，子猷竹庶可齐名；七碗吃不得了，卢仝茶不算知味。一壶挥尘，用畅清谈；半榻焚香，共期白醉。”视品茶为最大乐趣。

张岱爱茶，对品茶鉴水颇有造诣。在《陶庵梦忆·闵老子茶》中记载拜访老茶人的过程：一次他慕名前往拜访煎茶高手闵汶水，正好闵老外出，他静心等待，闵老回来后，知道有人来访，打个招呼，就借故离开，想看看张岱的诚意。张岱耐心等待，并未打退堂鼓。待闵老回来时，见客人还在，知道来者是个有心人，于是开始煮茶招待，闵老“自起当炉，茶旋煮，速如风雨”的娴熟技巧，让张岱惊叹不已。之后，闵老将张岱引至一室，室内“明窗净几，荆溪壶、成宣窑瓷瓯十余种，皆精绝。灯下视茶色，与瓷瓯无别，而香气逼人”。着实让张岱大开眼界，不禁问闵老：“此茶何产？”闵老想考考他说：“阆苑茶也。”然张岱觉得有异，说：“莫绐余，是阆苑制法，而味不似？”闵老暗笑并反问：“何地所产？”张岱又喝了一口说：“何其似罗岕甚也。”闵老啧啧称奇。张岱又问：“水何水？”闵老说：“惠泉。”张岱又说：“莫绐余，惠泉走千里，水劳而圭角不动，何也？”闵老知道遇到品茶高手了，遂不敢再欺骗他，过了一会儿，就持一壶满斟的茶给张岱品尝，张岱说：“香扑烈，味甚浑厚，此春茶耶！向瀹者的是秋茶。”闵汶水对于张岱的辨茶功力，不禁赞叹道：“余年七十，精赏鉴者无客比。”

张岱还善创名茶，他改良家乡的“日铸茶”，研制出一种新茶，张岱名之为“兰雪茶”。《兰雪茶》中提到兰雪茶的研制过程：“杓法、掐法、挪法、撒法、扇法、炒法、焙法、藏法，一如松萝。他泉瀹之，香气不出，煮禊泉，投以小罐，则香太浓郁，杂入茉莉，再三较量，用敞口瓷瓯淡放之，候其冷，以旋滚汤冲泻之，色如竹箨方解，绿粉初匀，又如山窗初曙，透纸黎光，取清妃白，倾向素瓷，真如百茎素兰同雪涛并泻也。雪芽得其色矣，未得其气，余戏呼之‘兰雪’。”他通过招募安徽歙县人，引入松萝茶制法，四五年之后，经张岱的改制，冲泡出来的茶，色如新竹，香如素兰，汤如雪涛，清亮宜人。他把此茶命名为“兰雪茶”。又四五年后，兰雪茶风靡茶市，绍兴的饮茶者多用此。

张岱对品茶器具也很精通。他得到了一把高雅古朴的茶壶后，把玩良久，评价道：“沐日浴月也，其色泽。哥窑汉玉也，其呼吸。青山白云也，其饮食。”他还评点了宜兴紫砂壶的制作高手，认为大师的作品“直跻商彝周鼎之列而毫无愧色”。他对一把没有镌刻作者印的紫砂壶，确认出于龚春之手，特作壶铭：“古来名画，多不落款。此壶望而知为龚春也，使大彬骨认，敢也不敢？”

茶事、茶理、茶人，在张岱的文集中记述甚多。张岱在《陶庵梦忆·卷四》道出的交友原则，也颇值得回味：“人无癖不可以交，以其无深情也；人无疵不可以交，以其无真气也。”

张岱一生嗜茶。他的兴趣广泛，对各类事物多所涉猎，堪称博物学家，他爱茶成痴，他在《彭天锡串戏》中写道：“余尝见一出好戏，恨不得法锦包裹，传之不朽，尝比之天上一夜好月，与得火候一杯好茶，只可供一刻受用，其实珍惜之不尽也。”

闭眼品茶

闭眼品茶，说的是清代扬州八怪之一的汪士慎，而因嗜茶过度而双目失明。从唐代饮茶风尚盛行始，上至皇帝，下至百姓、文人、僧道，嗜茶成群者代不乏人，而因嗜茶过度而失明者，历史上仅汪士慎一人。

汪士慎，字近人，号巢林、溪东外史等安徽休宁人，清代著名画家、书法家。汪士慎嗜茶如命，将嗜茶、爱梅、赋诗、绘画紧密地结合在一起，构成了他诗、书、画艺术淡雅秀逸的风格，

且在清代的艺坛上独树一帜。汪士慎说："平生不嗜酒。"他只有一个癖好，嗜茶如命。正是这贯穿了他一生的嗜好，也成了他的一怪。

汪士慎不仅对茶了解甚多，而且对茶也是情有独钟；他品饮的茶叶或亲自去当地购买，或市场购买，或朋友馈赠等。更为难得的是他对每一种茶，都能从茶叶生长的环境，采摘的季节、方式等，品饮出茶的特殊滋味；他能从茶的色、香、味、形等方面勾勒出茶的个性；即使是比较少见的名茶，他也知道那茶的出处甚至是否采撷及时等。

汪士慎爱茶、品茶、咏茶，与茶结缘，视茶为友，可谓是不可一日无茶。在《巢林集》中，咏茶诗就有二十多首，有着"茶痴""茶癖"甚至是"茶仙"的雅号。他在烹茶、煎茶或煮茶的过程中，很讲究烹煮的方法和使用的器具。

茶具不仅是煎茶所必需，还是高雅韵事的标志。所以，使用茶具更应该讲究。也正因为如此，汪士慎对茶具十分看重，而且是自己烧火、自己理器具、自己烹茶煮茶；当然，也是自己去洗涤那些小盏细瓯……他认为这是一个过程，更是一种享受。汪士慎在到老年时曾写有一首《蕉阴试茗》诗，叙写他一生煎茶的经历，他说自己"平生煮泉百千瓮"。

汪士慎饮茶讲究环境的雅致。在山村饮茶，去享受质朴自然；在家居饮茶，体验方便随意；去雪中烹茶，感受冷寂清寒；对月煎茶，追寻月明清朗……也只有在这样的环境中，才可以领会品茶时的得神、得趣、得味之乐。所以说，汪士慎品茶是真正的潇洒、真正的浪漫、也是真正的惬意！

汪士慎嗜茶，认为饮茶能触动他的灵感，引起他的书兴、诗兴、画兴；喝茶不仅仅是生理的需要，更是一种高雅的精神享受；

茗器之美、茶叶之美、泡水之美……总之，是茶之美升华了他的人性美、艺术美；也是茶之美涤清了他的杂虑，净化了他的灵魂；从而使他诗兴勃发，翰墨淋漓。

汪士慎于五十四岁时左眼盲，六十七岁开始双目失明。汪士慎在《蕉阴试茗》中云：“平生煮泉百千瓮，不信翻令一目盲。”自注中有道：“医云嗜过甚，则血气耗，致令目眚。”

其实，茶叶中的营养元素非常丰富，维生素的含量很高。据说用茶叶洗擦眼部，眼睛会清明亮丽。汪士慎后来双目失明，是由于汪士慎为生活所迫，饮茶破睡，日夜作画写字，用眼过度，营养不良导致的，这也是那个时代文人书画艺术家的悲惨命运。

君不可一日无茶

乾隆皇帝在 84 岁的时候准备把皇位让给儿子，有位老臣以“国不可一日无君”为理由，上奏挽留乾隆皇帝继续执政，乾隆皇帝端起茶杯，喝了一口茶后说“君不可一日无茶”。面对乾隆皇帝的回答，臣子们无言以对，因为臣子们知道乾隆皇帝非常喜欢喝茶，其喜爱喝茶的程度不亚于喜爱江山。

乾隆皇帝深爱香茗，几乎尝尽天下名茶，这位“不可一日无茶”的皇帝留下许多茶事逸闻，写下不少咏茶诗篇，在历代嗜茶帝王中堪称第一。

乾隆皇帝从小就爱饮茶，在十几岁时学会了焚竹烧水，烹茗泡茶的方法，登基后根据自己的饮茶体验，将梅花、佛手和松仁，用雪水烹煎，配制了一种“三清茶”。

乾隆皇帝一生嗜茶，六次下江南巡访，游山玩水，品泉、啜茗，留下了不少茶事传说和脍炙人口的茶诗。相传，乾隆皇帝有

次南巡到杭州，从西湖到龙井狮子峰，品尝了胡公庙前茶树上所采制的茶叶，对其香醇的滋味赞不绝口，就将庙前的18棵茶树封为“御茶”，从此龙井茶岁岁入贡。又相传，当时乾隆封“御茶”后，亲自采了几片芽叶顺手夹在了书里。回到京城后，在御书房看书时发现夹在书里的芽叶已干，被夹成扁平嫩绿的外形，透出一股清香，于是乾隆就献给了太后，太后品后非常喜欢，就要乾隆每年从杭州进贡这样的扁平龙井茶。杭州地方官员为了讨太后的欢心，要求茶农依照圣意将龙井茶做成扁平挺直状，后来龙井茶就一直保持扁平挺直如剑的外形。

乾隆皇帝善品茶鉴水。他特制了一个银斗，用它来量全国的名泉。他在读茶圣陆羽的《茶经》时，对陆羽把煮茶用水分为二十等而且大多是江南之水产生了疑问，就命人将陆羽划分的二十等次的水，用银斗重新检测，并且按着水的重量划分高下。经测定，北京海淀镇的玉泉水重量最轻，被列为“天下第一泉”，镇江中泠泉次之，无锡的惠山泉和杭州的虎跑又次之。通过银斗测量后，乾隆每次出行，都是用玉泉水随行。有一年乾隆在承德避暑山庄避暑时，清晨起来发现澄湖里荷叶上的露珠晶莹剔透，就想到用露珠烹茶。他在一首《荷露煮茗》的诗中写道：“平湖几里风香荷，荷花叶上露珠多。瓶罍收取供煮茗，山庄韵事真无过。”

乾隆皇帝好写诗，好以茶为诗，他是历代皇帝中写茶诗最多的一个，仅为“西湖龙井”就赋诗四首。1751年，乾隆皇帝第一次南巡到杭州，去天竺观看了茶叶的采制，作了《观采茶作歌》诗：

火前嫩，火后老，唯有骑火品最好。
西湖龙井旧擅名，适来试一观其道。
村男接踵下层椒，倾筐雀舌还鹰爪。

地炉文火续续添，乾釜柔风旋旋炒。
慢炒细焙有次第，辛苦工夫殊不少。
王肃酪奴惜不知，陆羽茶经太精讨。
我虽贡茗未求佳，防微犹恐开奇巧。
防微犹恐开奇巧，采茶竭览民艰晓。

以茶换故事

蒲松龄，字留仙，号柳泉居士，世称聊斋先生，清代杰出文学家，优秀短篇小说家。

蒲松龄自幼生活困苦，决心发奋读书，光耀门楣，奈何却屡试不第。在饱经半世风霜之后，对世态人情都有了深刻认识，蒲松龄将满腔不平倾注在《聊斋志异》之中。

清末邹弢《三借庐笔谈》中有蒲松龄以茶换故事的记载：

蒲留仙先生《聊斋志异》，用笔精简，寓意处全无迹相，盖脱胎于诸子，非仅抗手于左史龙门也。相传先生居乡里，落拓无偶，性尤怪僻。为村中童子师，食贫自给，不求于人。作此书时，每临晨，携一大磁罂，中贮苦茗，具淡巴菰一包，置行人大道旁。下陈芦衬，坐于上，烟茗置身畔。见行道者过，必强执与语，搜奇说异，随人所知。渴则饮以茗，或奉以烟；必令畅谈乃已。偶闻一事，归而粉饰之。如是二十余寒暑，此书方告藏，故笔法超绝。王阮亭闻其名，特访之，辟不见，三访皆然。先生尝曰："此人虽风雅，终有贵家气，田夫不惯作缘也。"

康熙初年（1662年），蒲松龄在蒲家庄大路口的一棵老槐下摆个凉茶摊，过路的人尽管坐下歇脚喝茶，分文不取，只是要讲个故事。长年累月，蒲松龄便收集到了众多风格迥异的故事和素

材，为他写《聊斋》这本流芳百世的奇书汲取了众多的灵感来源。

蒲松龄一生嗜茶成癖，朝朝暮暮都离不开茶，《聊斋志异》就是从喝茶聊天中“聊”出来的。人们送给他一个别致的雅号，称他“聊斋先生”。蒲松龄发挥自己独特而丰富的想象力，对通过以茶换故事方式收集来的490多篇文言体小说的素材进行加工整理、修改和润色，终于在晚年写出了文言短篇小说集《聊斋志异》。

茶马交易

我国西北地区食肉饮酪的少数民族，有“一日无茶则滞，三日无茶则病”之说。古时战争，主力是骑兵，马是战场上决定胜负的重要条件。于是历代统治者都采取控制茶叶供应，以少量茶叶交换多数战马的茶马交易，实行以茶治边的政策。

茶马交易起源于唐代，唐肃宗至德元年至乾元元年间，蒙古（回纥时期）驱马市茶，开了茶马交易的先河。

宋代茶政严厉，茶马交易主要在陕甘地区，于成都、秦州各置榷茶、买马司。其后以提举茶事兼理马政，改称都大提举茶司。嘉泰三年（1203年）复分为两司。

元代时，官府废止了宋代实行的茶马治边政策。

明代，继续元之驿站制度，对有破损者限期恢复，与此同时，明朝对驿道上的要津、渡口之管理有所强化。明朝在雅州、碉门设置茶马司，每年有数百万斤茶叶经由康区而入西藏，作为主要“茶道”的川藏线，经济价值大增。明太祖洪武年间，上等马一匹最多换茶叶120斤。明万历年间，则定上等马一匹换茶三十篦，中等二十，下等十五。明代文学家汤显祖在《茶马》诗中这样写道：“黑茶一何美，羌马一何殊。羌马与黄茶，胡马求金珠。”足见当时茶马交易市场的兴旺与繁荣。

清代，茶马治边政策有所松弛，私茶商人较多，在茶马交易中则费茶多而获马少。清朝雍正十三年（1735年），官营茶马交易制度终止。

茶马交易治边制度从隋唐始，至清代止，历经岁月沧桑近700年。在茶马市场交易的漫长岁月里，中国商人在西北、西南边陲，用自己的双脚踏出了一条崎岖绵延的茶马古道。

名茶趣说

茶是世界上主要饮料之一。茶，这一片树叶，最初与人类相遇时，被当作一味解毒的药方。几千年前，它经由劳动人民的勤劳双手，变成了一道可口的饮品。我国是茶叶的原产地，是世界上最早发现和利用茶树的国家。悠久的产茶历史，辽阔的产茶区域，众多的茶品种，丰富的采制经验，在世界上独一无二。

我国名茶，制法之巧，质量之优，风味之佳，是其他国家所不及的。琳琅满目的名茶，论形状，千姿百态，有的纤细如雀舌，有的含苞像鸟嘴，有的挺直赛松针，有的卷曲如螺形，有的浑圆似珠宝，有的满身披银毫，有的紧压类砖饼，有的碎屑如梅花；论品质，香味兼优，有的香浓味厚，有的香醇味甘，有如鲜花气味，有如桃仁肉桂。

名茶在制作和发展过程中，各茶区流传着许多优美的神话传说、民间故事。这些名茶传说，一方面承载了人们美好的愿望，另一方面也构成并丰富了茶文化的精神内涵。名茶与传说，相辅相成，相得益彰。传说为名茶增辉，名茶为传说添雅。

每一杯好茶的背后，都有一个动人的故事。茶的传说，茶的故事，描写的都是勤劳勇敢的劳动人民种茶制茶的故事，带给人们的却是精神上的愉悦。

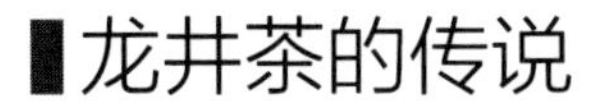

龙井茶的传说

西湖龙井茶，因产于杭州西湖的龙井茶区而得名，是中国十大名茶之一。

西湖龙井茶历史悠久。据苏轼考证，杭州种茶的历史源自南朝诗人谢灵运，他在西湖边的下天竺一带翻译佛经时，把从天台山带来的茶树种子，在西湖边上开始种植。唐代茶圣陆羽的《茶经》中，也有杭州天竺、灵隐二寺产茶的记载。

不过，起初这里产的茶叶以地方为名，如灵隐下天竺香林洞的“香林茶”，上天竺白云峰产的“白云茶”和葛岭宝云山产的“宝云茶”等。有一年，苏轼约几位文友在狮峰山脚下龙井村的寿圣寺品茗吟诗，兴致之余，苏轼为寿圣寺书写了“老龙井”的匾额，加之本地的此类茶叶以龙井村为最好，因而龙井茶就取代其他茶的品名而流传下来了。

相传，在宋代时，有一个叫“龙井”的小村，村里住着一个靠卖茶为生的老太太。有一年，茶叶质量欠好，卖不出去，老太太快要断炊了。

一天，一个老头走进龙井村，在宅院转悠，发现老太太房屋墙角落的破石臼，说要用五两银子买下来。老太太正愁没钱，便爽快答应了。老头十分高兴，通知老太太别让其他人动，一会儿派人来抬。

老太太心想，这轻易地就能赚得五两银子，总得让人家把干净的石臼抬走。于是，她便把石臼上的尘土、腐叶等扫掉，堆了一堆，埋在茶树下边。过了一会儿，老头带着几个小伙子来，一

看那干净的石臼，忙问石臼里的杂物哪去了。老太太如实相告，哪知老头沮丧地一跺脚："我花了五两银子，买的就是那些废物呀！"说完拂袖而去。

老太太眼看着白花花的银子从手边溜走，着实烦闷。可没过几天，奇观发生了：那十八棵茶树新枝嫩芽一齐涌出，茶叶又细又润，沏出的茶幽香怡人。那十八棵茶树返老还童的消息像长了翅膀一样传遍了西子湖畔，许多乡亲前购买茶籽。渐渐地，龙井茶便在西子湖畔栽培开来，"西湖龙井"也因而得名。

又相传，清朝乾隆年间，吏治清明、国泰民安。乾隆皇帝巡游江南，来到杭州，一方面想欣赏西湖的风光，另一方面也想品尝当地的好茶。第二天，乾隆带领随从巡游狮峰山，来到胡公庙。老和尚恭恭敬敬地献上最好的香茗，乾隆看那杯茶，汤色碧绿，芽芽直立，栩栩如生，煞是好看，啜饮之下，只觉清香阵阵，回味甘甜，齿颊留芳，便问和尚："此茶何名？如何采制？"和尚奏道："此茶乃西湖龙井茶中之珍品，叫作狮峰龙井，是用狮峰山上茶园中采摘的嫩芽炒制而成的。"接着，乾隆观看茶叶的采制情况，乾隆为龙井茶采制之劳、技巧之精所感动，作茶歌赞曰："慢炒细焙有次第，辛苦功夫殊不少。"

乾隆看罢采制情况，返回庙前时，见庙前的十多棵茶树，芽梢齐发，雀舌初展，心中一乐，就挽起袖子学着村姑采起茶来。当他兴趣正浓时，忽有太监来报："皇太后有病，请皇上急速回京。"乾隆一听急了，随手把采下的茶芽往自己袖袋里一放，速返京城去了。

回到皇宫后，乾隆得知太后病无大碍，只是肝火上升，眼睛红肿，经太医诊治之后已近痊愈。太后见皇帝回朝，便问起在外的情况，说话间就闻到有阵阵清香迎面扑来，乾隆这才发现是自已随手采摘的茶芽发出来的清香，经过几天的奔波，这些茶芽已经风干。

乾隆便命宫女拿去泡制，供太后品尝。太后慢慢品饮，感觉特别舒爽，心情大好，病也很快痊愈了。乾隆见状，忙传旨下去，封胡公庙前茶树为御茶树，派专人看管，年年岁岁采制送京，专供太后享用。因胡公庙前一共只有十八棵茶树，从此就称为“十八棵御茶”。

碧螺春的传说

碧螺春是中国十大名茶之一，产于江苏太湖洞庭山一带，至今已有1000多年历史，又称“洞庭碧螺春”。

据清代王彦奎的《柳南随笔》记载，“碧螺春”产于太湖洞庭山碧螺峰石壁，康熙年间的一年初春，一群姑娘到这儿采茶，采多了，筐也装不下，就把茶放在胸前的围裙里，没想到茶受到体内热气蒸熏，突然爆发出浓烈的异香，姑娘们不约而同地惊叫：“吓煞人香！”从此以后，采茶姑娘在采摘茶叶时不再用竹篮箩筐，都将茶叶放进怀里，并把茶叶叫作“吓煞人香”，此茶条索紧结，卷曲成螺，白毫显露，银绿隐翠；冲泡时，茶汤清淡，清香袭人，持久绵长。

康熙三十八年（1699年）春，康熙皇帝南巡到洞庭东山，江苏巡抚宋荦派人购置了“吓煞人香”进奉皇上。康熙龙颜大悦，便问此茶何名，宋荦奏曰：“此乃当地土产，产于洞庭东山碧螺峰，百姓称之为‘吓煞人香’。”康熙品味着香茗说：“茶是佳品，但名称却不登大雅之堂。朕以为，此茶既出自碧螺峰，茶又卷曲似螺，就名为‘碧螺春’吧！”从此，“吓煞人香”就以“碧螺春”的名字名扬天下。

当然，关于碧螺峰上“野茶”的来历，有一个凄美的爱情故事。

相传很久之前，苏州洞庭山的西山住着一个美丽的姑娘，叫碧螺，而在洞庭山的东山住着一个叫阿祥的年轻小伙子。美丽的姑娘和年轻的小伙子相互爱慕着。

有一年春天，太湖中突然出现了一条凶残的恶龙，他要当地人民每年献上一对童男善女，还要碧螺姑娘做他的夫人，当地人民拒绝了恶龙的无理要求。恶龙就兴风作浪，残害百姓，毁坏庄稼、房屋，闹得鸡犬不宁，怨声载道。

恶龙危害人民的事，惹恼了东山的小伙子阿祥。阿祥从小以打鱼为生，不但精通水性，而且武艺高强，他救贫济困，见义勇为，心肠也特别好。阿祥经常听碧螺姑娘唱歌，并渐渐地爱上了她，阿祥决心保护碧螺姑娘，为民除害。他和恶龙在水中大战了七天七夜，最后把恶龙消灭掉，他自己也身受重伤，流血不止，奄奄一息。乡亲们怀着无限感激和崇敬的心情把他抬回家，小心地洗净了他的伤口，敷上了草药，还送上各种礼物。阿祥满怀深情地说：“感谢乡亲们的好意，我已经活不了多久了，你们把这些东西送给碧螺姑娘吧，只要能天天听到碧螺姑娘的歌声，我就是死了，也心满意足了”。

乡亲们把阿祥的话告诉了碧螺姑娘，碧螺姑娘感动极了，她请大家把阿祥抬到自己住的地方，决心亲手治好阿祥的伤，让阿祥尽快恢复健康。

有一天，碧螺姑娘寻找草药时，在阿祥同恶龙搏斗流血的地方，发现了一棵小茶树，在碧螺姑娘的精心培育下，茶树长出好多嫩芽，生机盎然，清香异常。碧螺姑娘想茶树是阿祥战胜恶龙、用心血转化成的胜利象征，一定能治好阿祥的伤。

碧螺姑娘一边唱歌，一边给阿祥喂茶汤，果然阿祥喝了这茶以后逐渐恢复了元气，身体也慢慢地强壮起来。可是碧螺姑娘从此一天天憔悴下去。原来，碧螺姑娘把精力和元气都凝结在这茶苗上，不久她便离开了世间。阿祥和乡亲们一起把碧螺姑娘埋葬在这棵茶树旁的山峰上，这山峰后来就叫碧螺峰。这种治好阿祥病的清香茶叶就叫“碧螺春”。

黄山毛峰的传说

黄山毛峰是中国十大名茶之一，属于绿茶，产于安徽省黄山（徽州）一带。黄山毛峰形似雀舌，略显细扁，翠绿中略显黄绿，色泽光亮，泡茶时竖直悬于水中，令人赏心悦目。

相传，明朝天启年间，江南黟县新任县官熊开元来黄山春游，借宿于寺院中。寺院长老泡茶敬客时，熊开元见茶叶色微黄、形似雀舌、身披白毫，开水冲泡下去热气绕碗边转了一圈后，会移至碗中心，然后直线升腾，在空中转一圆圈，化成一朵白莲花，散成一缕缕热气飘荡开来，清香满室。熊开元问寺僧，方知此茶名叫“黄山毛峰”。临别时，长老赠送熊开元茶一包和黄山泉水一葫芦，并告诉他，只有用黄山泉水冲泡这种茶，才能出现白莲奇景。

熊开元回县衙后正遇同窗旧友太平知县来访，便将冲泡黄山毛峰表演了一番。太平知县甚是惊喜，后来到京城禀奏皇上，想献仙茶邀功请赏。皇帝传令进宫表演，然而不见白莲奇景出现，皇上大怒，太平知县只得据实说道乃黟县知县熊开元所献。皇帝立即传令熊开元进宫受审，熊开元进宫后方知未用黄山泉水冲泡

之故，讲明缘由后请求回黄山取水。熊知县来到黄山拜见长老，长老将山泉交予他。在皇帝面前再次冲泡玉杯中的黄山毛峰，果然出现了白莲奇观，皇帝看得眉开眼笑，便对熊知县说道："朕念你献茶有功，升你为江南巡抚，三日后就上任去吧。"

熊开元心中感慨万千，暗忖道："黄山名茶尚且品质清高，何况为人呢？"于是脱下官服玉带，来到黄山云谷寺出家做了和尚，法名正志。如今在苍松入云、修竹夹道的云谷寺下的路旁，有一檗庵大师墓塔遗址，相传就是正志和尚的坟墓。

君山银针的传说

君山银针是中国十大名茶之一，产于湖南岳阳洞庭湖中的君山，形细如针，故名君山银针，属于黄茶，其成品茶，芽头茁壮，长短大小均匀，内面呈金黄色，外层白豪显露完整，而且包裹坚实，茶芽外形很像一根根银针，雅称"金镶玉"。

君山银针始于唐代，相传文成公主出嫁西藏时就曾选带了君山茶，清朝列为贡茶。据《巴陵县志》记载："君山产茶，嫩绿似莲心。"

关于君山银针，有许多美丽的传说。相传，君山茶的第一颗种子还是4000多年前娥皇、女英播下的。后唐的第二个皇帝明宗李嗣源，第一回上朝的时候，侍臣为他捧杯沏茶，开水向杯里一倒，马上看到一团白雾腾空而起，慢慢地出现了一只白鹤。这只白鹤对明宗点了三下头，便朝蓝天翩翩飞去了。再往杯子里看，杯中的茶叶都齐崭崭地悬空竖了起来，就像一群破土而出的春笋。过了一会儿，又慢慢下沉，就像是雪花坠落一般。明宗感到很奇怪，就问侍臣是什么原因。侍臣回答说："这是君山的白鹤泉（即柳毅井）水，泡黄翎毛（即银针茶）缘故。白鹤点头飞入青天，表示万岁洪福齐天；翎毛竖起，表示对万岁的敬仰；黄翎缓坠，表示对万岁的臣服。”明宗心里十分高兴，立即下旨把君山银针定为“贡茶”。君山银针冲泡时，棵棵茶芽立悬于杯中，极为美观。

君山银针原名白鹤茶。相传初唐时期，有一位名叫白鹤真人的云游道士从海外仙山归来，随身带了八株神仙赐予的茶苗，将它种在君山岛上。后来，他修起了巍峨壮观的白鹤寺，又挖了一口白鹤井。白鹤真人取白鹤井水冲泡仙茶，只见杯中一股白气袅袅上升，水汽中一只白鹤冲天而去，此茶由此得名“白鹤茶”。又因为此茶颜色金黄，形似黄雀的翎毛，所以别名“黄翎毛”。后来，此茶传到长安，深得天子宠爱，遂将白鹤茶与白鹤井水定为贡品。

有一年进贡时，船过长江，由于风浪颠簸把随船带来的白鹤井水给泼掉了。押船的州官吓得面如土色，急中生智，只好取江水鱼目混珠。运到长安后，皇帝泡茶，只见茶叶上下浮沉却不见白鹤冲天，心中纳闷，随口说道：“白鹤居然死了！”岂料金口一开，即为玉言，从此白鹤井的井水就枯竭了，白鹤真人也不知所踪了。但是，白鹤茶却流传下来，就是今天的君山银针茶。

关于君山银针的传说，明朝诗人谭元春在岳阳楼品茶作《汲君山柳毅井水试茶岳阳楼》：“临湖不饮湖，爱汲柳家井。茶照上楼人，君山破湖影。”清冽甘甜的柳毅井水，冲泡君山银针茶，茶汤清可鉴人，清香馥郁，远处的君山映入茶水中来。

信阳毛尖的传说

信阳毛尖是中国十大名茶之一，主要产于信阳市浉河区、平桥区和罗山县。民国初年，因信阳茶区的五大茶社产出品质上乘

的本山毛尖茶，正式命名为“信阳毛尖”。

相传，在很久以前，信阳本没有茶，乡亲们在官府和老财主的欺压下，吃不饱，穿不暖，许多人得了一种叫“疲劳痧”的怪病，瘟病越来越凶，死了很多人。

一个叫春姑的姑娘看在眼里，急在心上，为了能给乡亲们治病，她四处奔走寻找能人。一天，一位采药老人告诉姑娘，往西南方向翻过九十九座大山，蹚过九十九条大河，便能找到一种消除疾病的宝树。春姑按照老人的要求爬过九十九座大山，蹚过九十九条大河，在路上走了九九八十一天，累得筋疲力尽，并且也染上了可怕的瘟病，倒在一条小溪边。这时，泉水中漂来一片树叶，春姑含在嘴里，马上神清目爽，浑身是劲，她顺着泉水向上寻找，果然找到了生长救命树叶的大树，并采摘下一颗金灿灿的种子。

看管茶树的神农氏老人告诉姑娘，摘下的种子必须在10天之内种进泥土，否则会前功尽弃。想到10天之内赶不回去，也就不能抢救乡亲们，春姑难过得哭了，神农氏老人见此情景，拿出神鞭抽了两下，春姑便变成了一只尖尖嘴巴、大大眼睛、浑身长满嫩黄色羽毛的画眉鸟。小画眉很快飞回了家乡，将树籽种下，见到嫩绿的树苗从泥土中探出头来，画眉高兴地笑了起来。这时，她的心血和力气已经耗尽，在茶树旁化成了一块似鸟非鸟的石头。

不久茶树长大，山上也飞出了一群小画眉，她们用尖尖的嘴巴啄下一片片茶叶，放进得了瘟病的村民的嘴里，病人便马上好了。从此以后，种植茶树的人越来越多，也就有了茶园和茶山。

祁门红茶的传说

祁门红茶是中国十大名茶之一，产于安徽省祁门县、石台、贵池、东至等地，因此而得名而祁门红茶，是世界四大红茶之一。1915 年在巴拿马万国博览会上荣获金质奖章和奖状。

相传，清朝光绪年间，安徽黟县有一户姓余的人家，出了一位举人名叫余干臣，被派到福建安溪县衙做书吏。临上任时，余干臣的老爹对他说："你这次出外做官，切记一件事，有学艺机会千万别放过，学点技术回来，一生用不尽。"

余干臣上任不到三年，他的长官因故罢官，他也跟着丢官。这时他想起老爹叮嘱的话，于是动了学习技艺的念头。他想到故乡产茶，可是制茶技术及过程和福建的不同，因为绿茶并不发酵，而红茶必须全部发酵，于是他把福建制造"工夫红茶"的技术学成，带到故乡。

余干臣回到故乡，对老爹说明弃官从商的经过，并说他学成了制造"工夫红茶"的技术。老爹自然赞成，帮助他建茶厂，制作红茶，因为邻近产茶县都以祁门为中心，所以命名为祁门红茶。因为生意很好，他们又在黟县、至德、祁门开了三处茶庄，都以自己生产的"祁门红茶"为商标，一时声誉鹊起，连原来制绿茶的各大茶庄也竞相仿造。

与此同时，当时祁门人胡元龙在祁门南乡贵溪进行"绿改红"，设立"日顺茶厂"，尝试生产红茶也获成功。从此"祁红"不断扩大生产，成了我国的重要红茶产区。

六安瓜片的传说

六安瓜片是中国十大名茶之一，产自安徽省六安市大别山一带，因茶泡开后神似葵花籽，而得名"瓜片"。在唐代被称为"庐州六安茶"，在明代被称为"六安瓜片"，为上品、极品茶，清代

列为朝廷贡茶。

相传在1905年前后，六安茶行一评茶师从收购的绿大茶中拣取嫩叶，剔除梗枝，作为新产品应市，获得成功。信息不胫而走，金寨麻埠的茶行，闻风而动，雇用茶工，如法采制，并起名“封翅”（意为峰翅）。此举又启发了当地一家茶行，在齐头山的后冲，把采回的鲜叶剔除梗芽，并将嫩叶、老叶分开炒制，结果成茶的色、香、味、形均使“峰翅”相形见绌。于是附近茶农竞相学习，纷纷仿制。因这种片状茶叶形似葵花籽，遂称“瓜子片”，以后即叫成了“瓜片”。

又相传，麻埠附近的祝家楼财主，与袁世凯是亲戚，祝家常以土产孝敬。袁世凯饮茶成癖，茶叶自是不可缺少的礼物。但其时当地所产的大茶、菊花茶、毛尖等，均不能使袁满意。1905年前后，祝家为取悦袁世凯，不惜工本，在后冲雇用当地有经验的茶工，专拣春茶的第1~2片嫩叶，用小帚精心炒制，炭火烘焙，所制新茶形质俱丽，获得袁世凯的赞赏。此时，瓜片脱颖而出，色、香、味、形别具一格，日益博得饮品者的喜爱，逐渐发展成为全国名茶。

都匀毛尖的传说

都匀毛尖是中国十大名茶之一，又名“白毛尖”“细毛尖”“鱼钩茶”“雀舌茶”，产于我国贵州省黔南布依族苗族自治州，核心产区位于都匀市。都匀毛尖具有外形白毫显露、条索紧细、卷曲似鱼钩，内质香高持久、汤色清澈明亮、滋味鲜爽回甘，叶底明亮、芽头肥壮等特点。

明思宗崇祯四年（1631年），崇祯皇帝赐名都匀茶为“鱼钩茶”，1915 年，都匀鱼钩茶获巴拿马太平洋万国博览会金奖。1956 年，毛主席亲笔赐名“都匀毛尖”。

相传，在很早以前，都匀地区有一个蛮王，蛮王的儿女众多，其中儿子有九个，女儿有九十个。随着时间的不断推移，蛮王渐渐老了，其子女们也渐渐长大了。有一年，老蛮王得病了，感觉自己该退位了，于是就叫来子女们，告诉他们，如果谁可以治好他的病，就让谁管理天下。于是老蛮王的子女们都出去找药了。

老蛮王的九个儿子带回来了九种药，老蛮王吃了后病情并没有什么好转。而他的九十个女儿却带回了同样的药——茶叶，用茶叶治好了病。于是老蛮王将天下交给了他的女儿们，并问她们茶叶是哪里来的。女儿们异口同声地回答：“从云雾山上采来，是绿仙雀给的。”于是，老蛮王叫她们去弄些茶树种籽回来种植，让更多的老百姓受益。

姑娘们第二天来到云雾山，但绿仙雀不见了，也不知道茶叶怎么栽种。她们在一株高大的茶树王树下求拜三天三夜，感动了天神，派绿仙雀给她们送来茶种，并教她们怎样种好茶。姑娘们将茶树带回去种植，第二年漫山长满了茶树，长成了一片茂密的茶园。为了不忘记绿仙雀的指点，后来这茶就取名叫“都匀毛尖茶”。都匀蛮王有了这茶园，国泰民安。

武夷岩茶的传说

武夷岩茶是中国十大名茶之一，产自福建武夷岩山，属于乌龙茶类。其中大红袍是武夷岩茶中的珍品。

相传，古时候，武夷山下有个叫作杨太白的山民，有一天上山去采茶，当他采满一竹筐茶青，打算下山回家时，走到半路，

突觉困倦，情不自禁靠在树边睡着了。等他醒来时，太阳已经偏西。拿起竹筐一看，里面新鲜的茶青全都焉了，软了下来，粘在了一起。杨太白见状，慌慌张张下山，并在路上用手不停地把粘在一起的茶青翻动开去，结果这一翻动，竟然翻出一股以往从未闻到过的香气，而且越翻越香。

杨太白觉得奇怪，把茶青带回家后又累又饿，随手就把茶青放在火塘边就去吃饭了。等他吃完饭后回来看时，发现茶青虽说被炭火烤的乌黑，却越来越香。香味飘出门外，竟引得四邻街坊跑来观看。杨太白见此，灵机一动，突发奇想，第二天又上山去采了许多茶青，故意不停翻动，果然又发出奇香。从此以后，杨太白便用这种方法制茶，大受欢迎，很快流传开来。

又相传，在很久以前，武夷山农民起义造反。朝廷派了许多官兵来镇压。经过一番血战以后，起义军退入武夷山中，官兵随之进山围剿。起义军虽说人少，但凭着熟悉地形，四处游击，逼得官兵整天疲于奔命。一日，一队官兵跑到一户茶农家中，恰好茶农刚采下一堆茶青，打算做茶。官兵们累得不行，一屁股就躺倒茶青堆上，睡着了并打起了呼噜。

茶农敢怒不敢言，一直等到傍晚，这群官兵醒来后走了，他们才去看那茶青，发现茶青变得红绿相间。用手一翻，发出一股兰花的香气。茶农见状，将此茶青炒制成茶，冲泡出的茶汤竟比原先的炒青茶要香醇得多。从此，茶农便将采下的茶青故意成堆翻滚，形成了乌龙茶的工艺。

铁观音的传说

铁观音是中国十大名茶之一，产于福建安溪一带。铁观音既是茶名，也是茶树品种名，铁观音介于绿茶和红茶之间，属于半发酵茶类，铁观音独具“观音韵”，清香雅韵，冲泡后有天然的兰花香，滋味醇浓，香气馥郁持久。

关于铁观音的由来，在安溪茶区广泛流传着多种历史传说。相传，清朝康熙年间，安溪尧阳松岩村有一个叫魏荫的茶农，善于种茶制茶，又信奉观音菩萨，每天早晚一定在观音佛前上三炷清香，敬奉一杯清茶，数十年不辍。一日晚上，他睡熟了，朦胧中梦见自己扛着锄头走出家门，走到一溪涧边，在崖石缝中发现一株茶树，枝壮叶茂，喷发出一股兰花香气，芬芳诱人。好生奇怪，正想探身采摘，突然传来一阵狗吠声，把他的一场好梦扰醒了。

第二天清晨，魏荫扛着山锄，顺着梦中的途径寻觅，果然在观音仑打石坑的石隙间，找到梦中的茶树。仔细观看，只见茶叶椭圆，叶肉肥厚，嫩芽紫红，青翠欲滴。魏荫十分高兴，将这株茶树挖回来种在家门口几个铁鼎里。

经过两三年的悉心培育，茶树株株茁壮。适时采制，茶品果然香韵独特，品质特异。一天，一位塾师饮到这泡好茶，便问：“这是什么好茶？”魏荫把梦中的经过详细告诉塾师，塾师想了一想说：“这茶既然是观音托梦得来，又曾种于铁鼎之中，就称‘铁观音’吧！”于是“铁观音”从此便出了名。

又相传，安溪西坪尧阳（今西坪镇南岩村）有一位仕人王士让，平生喜欢搜集奇花异草，曾筑书房于南山之麓，名为“南轩”，南轩开辟有一个茶苗圃。清乾隆元年（1736 年）春，王士让告假回乡访亲会友，到南岩山麓游览，突然在一片荒园的层石间，发现一株形态独特的茶树，散发出阵阵清香，遂移植种在南轩的苗圃里。经过细心照顾，茶树长得很快，枝叶繁茂。到了春

茶时节，他及时采制，加工成品，果然，茶样特别，气味芳香，滋味醇厚，他便把这些茶叶精心收藏起来。乾隆六年（1741年），王士让奉召赴京，拜谒礼部侍郎方望溪，馈赠自己用这株茶树制成的茶。方望溪品尝后大加赞赏，遂献给乾隆皇帝。乾隆皇帝平素也是爱茶成癖，品尝后称为“佳品”，立即召见王士让，询问茶的由来，王士让如实禀奏。乾隆仔细观察，掂量此茶后，认为此茶乌润结实，沉重似铁，味香形美，犹如观音，因而赐名为“铁观音”。

在安溪民间，还流传着一个关于陈年铁观音的传说。清朝时期，有个叫林福隆的员外肠胃不好，有一天肚子胀得很厉害，吃不下饭，到处找大夫看也没有用。家里人急忙到祖宅祈求神灵保佑，当天晚上，林员外做梦时得到仙人点化。第二天早上，按照梦里仙人的指点，家里人翻遍祖屋，在屋角找到色泽乌黑快要发霉的老茶，然后将其煮给林员外喝，结果，林员外肚子胀的毛病竟然好了。

在这些传说中，茶树都与观音菩萨有关，故而茶名之中有“观音”二字。而之所以冠以“铁”字，又有两种解释：一是由于茶树叶片在太阳下闪烁着“铁色”之光，另一种说法是茶经过发酵后，“茶色如铁”。

狗牯脑茶的传说

狗牯脑茶是江西珍贵名茶之一，产于罗霄山脉南麓支脉的遂川县汤湖乡狗牯脑山。该山形似狗头，在茶农心目中，十二生肖中有狗，而且狗是人类忠实的朋友，有守财带富之意。于是，当地茶农就把狗牯脑山所产的茶叶取名为“狗牯脑茶”，既有乡土气息，又容易记。

狗牯脑茶始制于明代末年，距今已有300多年历史。狗牯脑茶叶片细嫩均匀，碧色中微露黛绿，表面覆盖一层柔细软嫩的白毫，茶叶五至七片，茶水清澄而呈金黄，茶味清凉芳醇香甜，沁人肺腑，口中甘味经久不去。

相传，很久以前，狗牯脑山上住着一个后生仔。一天，有个瘸腿老头儿来到狗牯脑山下讨饭。这老头儿面黄肌瘦，那条瘸腿更是烂得只见脓血不见皮肉，叫人既可怜又令人恶心。山下的人们虽然同情这老头儿，但都很穷苦，无力帮助他。天黑了，瘸腿老头儿才爬上了山，后生仔热情招待了他。后生仔把稀饭全给了瘸腿老头儿喝，瘸腿老头儿吃饱后，要求借宿。后生仔家只有一张床铺，瘸腿老头儿臭气熏天，但后生仔还是很爽快地答应了。半夜，瘸腿老头对后生仔说："你很善良，我没有什么能报答你，我教你做茶叶吧。"后生仔晕乎乎地跟瘸腿老头儿学做茶。瘸腿老头儿边讲解，边手把手地教后生仔做茶。很快，一锅新茶做好了，茶叶是那么细嫩，香气直扑鼻孔，瘸腿老头儿亲手泡了一碗新茶叫后生仔品尝，茶水已没有往日的红色和油脂，而是碧绿中透着金黄，清晰见底，舒展开来的绿叶，直竖碗底。后生仔端起茶碗轻轻地啜了一口，一股浓厚醇酽的香气直冲五脏六腑，经久不去。他连声称赞："好茶，好茶！""你以后就这样去做茶，只要茶叶做得好，你就不会挨饿。"瘸腿老头儿说完，便化成一道白烟，不见了。后生仔连声喊："师父，师父……"

后生仔用力一蹬，才发觉自己还在床上，原来是做了一场梦。他伸手摸了摸，发现瘸腿老头已不在床上了。他找遍了所有地方，也不见人影。

清明时节，后生仔摘回鲜嫩的茶叶，按瘸腿老头教他的方法

加工制作。出乎意料的是，做好的茶叶和他在梦中的茶叶一样细嫩、香甜。后来，狗牯脑茶因此出名，后生仔的生活也越来越好。后生仔把瘸腿老头教给他的技术当作“秘方”，代代传了下来。

又相传，在清朝嘉庆年间，汤湖乡茶山村一位叫梁为镒的木材商人，有一次，从汤湖左溪水运一批木材到金陵（今南京）销售，在途中木材被洪水冲散，梁为镒流落在金陵街头，在码头卖苦力为生。幸好被一位江苏太湖籍女子杨氏收留，并与他结为夫妻。由于思念家乡，一年多后，梁为镒夫妻两人从金陵带着茶籽回到汤湖，买下了茶山村谢家的石山（狗牯脑山）和茅屋，定居种茶。

杨氏深谙种茶之道，夫妻开荒种茶，日复一日。茶叶一年长苗，两年成丛，三年采摘。两人潜心研创出独特工艺，制作出来的绿茶外形秀丽披毫，条索紧结匀齐，色泽黛绿莹润，色、香、味、形俱佳，又与其他的茶有所区别，取山名而为茶名。

梁为镒家的制茶技术是由其妻子传授出来的，规定只能一代一代地单传给儿子，就是出嫁的女儿也不能教，别人要学是不可能的。一百多年来，汤湖只有他一家会培植和制作这种茶叶的技术。

1915年，遂川县茶商李玉山（也叫李元训）采用狗牯脑山的茶鲜叶，制成银针、雀舌和圆珠各1000克，分装3罐，运往美国旧金山参加巴拿马太平洋国际博览会，获了金奖。奖凭上写着：“此奖章发给江西省红绿茶展协作者，中国、江西、遂川县李元训。”

1930年，李玉山之孙李文龙将此茶改名为“玉山茶”，送往浙赣特产联合展览会展出，荣获甲等奖。由于两次获奖，狗牯脑山产的茶名声大震。随着历史的变迁，“玉山茶”改名为“狗牯脑茶”。

婺源绿茶的传说

婺源绿茶，江西珍贵名茶之一，中国国家地理标志产品。婺源绿茶历史悠久，唐代著名茶叶专家陆羽在《茶经》中就有“歙州茶生于婺源山谷”的记载。

相传，婺源县大畈有一座灵山，山上苍松翠竹，怪石嶙峋，深潭映月，银泉飞瀑，云蒸霞蔚，胜似蓬莱仙境，天竹峰寺庙就坐落其间。寺僧崇尚勤俭，诵经功课之余，依据有利地形零星栽种茶树，并倾心加以培育，施以蝙蝠粪肥，覆以豆荚杂草，茶树根深叶茂，芽嫩茎柔。“闲将茶课话山家，种得新株待茁芽，为要栽培根祗固，故园锄破古烟霞。”就是其真实写照。寺僧不仅茶园管理精细，而且茶叶采摘也甚为讲究。一年只采一季春茶，夏、秋两季茶树休养生息。每年谷雨前后，芽舒叶展时采。采摘不必太细，细则芽初萌而味欠足；也不必太青，青则茶已老而味欠嫩；须在谷雨前后，趁晴朗天气，觅寻一芽二三叶而采。制出的茶叶香气特高，滋味鲜浓。明朝诗人陆容在《送茶僧》诗中对茶僧种茶等行为赞道：“江南风致说僧家，石上清泉竹里茶，法藏名僧知更好，香烟茶晕满袈裟。”

相传，明嘉靖年间，在京为官的户部侍郎游应乾（婺源济溪人）回乡省亲，一个老僧敬奉灵山茶。但见茶叶遇水，芽叶舒展，款款如害羞少女躲入水底；茶潜水中，叶影水光，栩栩如生；清风飘逸，爽心怡神，韵致清远；细呷一口，甘鲜醇厚，口齿留香。游侍郎禁不住拍案叫绝：“天香国色似佳人！”游侍郎回京后，将此茶献给皇帝，皇帝品尝后极为赞赏，并亲书“天竹峰”匾额以赐，诏令岁岁进贡并核减茶税。

庐山云雾茶的传说

庐山云雾茶，古称“闻林茶”。从明朝起，始称“庐山云雾”，是我国传统的十大名茶之一，茶因山与雾而得名，取名“云雾茶”，是绿茶中的精品。

据《庐山志》记载，庐山云雾茶之称始于明朝。随着朱元璋在庐山大战陈友谅的故事而流传，庐山云雾茶随之驰名全国。《本草纲目》的集解中，已列有洪洲白露、双牛白毛、庐山云雾等名茶。

传说，孙悟空在花果山当猴王的时候，常吃仙桃、瓜果、美酒。有一天，孙悟空忽然想起，要尝尝玉皇大帝和王母娘娘喝过的仙茶，于是一个跟头上了天，驾着祥云向下一望，见九州南国一片碧绿，仔细看时，竟是一片茶树。此时正值金秋，茶树已结籽，可是孙悟空却不知如何采种。这时，天边飞来一群多情鸟，见到猴王后便问他要干什么，孙悟空说：“我那花果山虽好但没茶树，想采一些茶籽去，但不知如何采得。”众鸟听后说：“我们来帮你采种吧。”于是展开双翅，来到南国茶园里，一个个衔起了茶籽，往花果山飞去。多情鸟嘴里衔着茶籽，穿云层，越高山，过大河，一直往前飞。谁知飞过庐山上空时，巍巍庐山胜景把它们深深吸引住了，领头鸟竟情不自禁地唱起歌来。领头鸟一唱，其他鸟跟着唱和。茶籽便从它们嘴里掉了下来，直掉进庐山群峰的岩隙之中。从此云雾缭绕的庐山便长出一棵棵茶树，产出清香袭人的云雾茶。

又传，庐山五老峰下有一个宿云庵，老和尚憨宗以种野茶为业，在山脚下开了一大片茶园，茶丛长得极为茂盛。有一年四月，忽然冰冻三尺，茶树几乎全被冻死。浔阳官府派衙役多人，到宿云庵找憨宗和尚，拿着朱票，硬是要买茶叶。这样的天寒地冻，园里哪有茶叶呢？憨宗和尚被逼得喘不过气来，向衙役百般哀求无效后，连夜逃走。

九江名士廖雨，为憨宗和尚打抱不平，在九江街头到处张贴冤状，题《买茶谣》，对横暴不讲理的官府控诉，官府却不理睬。憨宗和尚逃走后，这些衙役更是肆无忌惮。为了赶在惊蛰摘取茶叶，清明节前送京，日夜击鼓擂锣，喊山出茶。每天深夜，把四周老百姓都喊起来，赶上山，令他们摘茶。最后，竟然把憨宗和尚的一园茶叶连初萌未展的茶芽都一扫而空。

憨宗和尚满腔苦衷，感动了上天。在憨宗和尚悲伤的哭声中，从鹰嘴崖、迁莺石和高耸入云的五老峰巅，忽然飞来了红嘴蓝雀、黄莺、杜鹃、画眉等珍禽异鸟，唱着婉转的歌。它们不断撷取憨宗和尚园圃中隔年散落的一点点茶籽，把它从冰冻的泥土中啄食出来，衔在嘴里，“刷”地飞到云雾中，将茶籽散落在五老峰的岩隙中，很快长起一片翠绿的茶树。憨宗和尚看到这高山之巅云雾弥漫中失而复得的茶园，心里真是乐开了花。

不久，采茶的季节到了。由于五老峰和大汉阳峰奇峰入云，憨宗和尚实在无法爬上高峰采撷茶叶，只好望着云端清香的野茶兴叹。正在这时，忽然百鸟朝林，还是那些红嘴蓝雀、黄莺、杜鹃、画眉等珍禽异鸟，又从云中飞过来了，驯服地飞落在憨宗和尚身边。憨宗和尚把这些美丽的小鸟喂得饱饱的，让它们颈上各套一个口袋，飞向五老峰和大汉阳峰的云雾中采茶。憨宗和尚猛抬头仰望高峰云端，只见仙女翩舞，歌声嘹亮，在云雾中忙着采茶。之后，憨宗和尚将这些山中百鸟采得的鲜茶叶，精心揉捻，炒制成茶叶。这种茶叶是庐山百鸟在云雾中播种，又是它们辛苦地从高山云雾中同仙女一起采撷下来的，所以称为“云雾茶”。

浮梁仙芝的传说

浮梁产茶历史悠久，早在汉朝，人们就采集茶叶。据《中国商业简史》记载，南北朝时期，“江西‘浮梁茶最好’”。白居易在长诗《琵琶行》中写下了“商人重利轻别离，前月浮梁买茶去”的名句，把唐代浮梁县茶叶经营的盛况扬名于世。

浮梁仙芝是一种珍贵的茶叶，属高山茶。之所以得名仙芝，传说是拜唐玄宗李隆基所赐。

民间记忆中的仙芝，多半是指要飞上那高耸入云的昆仑雪山，那里古树参天，百花竞放，溪水奔流。在林深树茂处，生长着祥云般的灵芝仙草，神仙吃了能增长神力，凡人吃了能死而复生。传说中为了拯救被巨蛇真身吓死的许仙，白娘子冒着生命危险偷采仙芝，正欲离去时，却被守仙草的梅童、鹿童发现，两人堵住白素贞的去路，一起举剑向她刺去。眼见白素贞将命丧黄泉，南极天翁突然来了，他被白素贞救夫的一片诚意所感动，便命两仙童放了白素贞。白素贞用仙芝救活了许仙。神话中的仙芝来到人间，人们用它来命名那些珍贵、强身的物产，浮梁仙芝就是流传甚久的一例。

唐开元年间，饮茶之风已经遍及北方，茶与柴米油盐已同列为生活必需品，坊肆煎茶卖茶生意兴隆，大碗茶成为平民化畅销饮品。唐玄宗也极爱饮茶，日常茶水伺候是必需的。唐玄宗常喝的是药王茶，偶尔一次换换口味喝了浮梁茶，立刻一尝倾情，再喝倾心，擅于揣测圣心的贵妃杨玉环，于是也找来浮梁茶品尝。上流社会喝茶解渴从来都是其次，社交才是首要的，喝过之后一般要品评，如果几位好茶之士相聚，那还得猜茶斗茶、吟诗作对才行。杨玉环对浮梁茶的评价是，此茶“有灵芝的香和味，只配神仙所用也”。到底是贵妃，对奢侈品的品鉴经验丰富，类比准确。玄宗对贵妃的建议一向重视，召太医送来灵芝汤对比，尝过之后，发现贵妃在喝茶上的段位毫不输歌舞，味道就是这样，于是赐名“仙芝”。

这段佳话从内廷传到朝堂，再到民间，一时，大唐贵族、官员刮起了饮浮梁仙芝茶之风，饮者皆以之为身份象征。浮梁周边也因此形成了热闹的茶市。

宁红茶的传说

宁红茶，江西珍贵名茶之一，全国农产品地理标志。宁红茶是宁红工夫茶的简称，主产于江西省修水县，是我国最早的工夫红茶之一。

修水的红茶生产则始于道光初年。据清朝叶瑞延《纯蒲随笔》记载，“红茶起自道光季年，江西估客收茶义宁州，因进峒教以红茶做法。”《义宁州志》有“道光年间宁茶名益著，种莳殆遍乡村，制法有青茶、红茶、乌龙、白毫、花香、茶砖各种”的记载。修水武宁古属义宁州，所产红茶称宁州红茶，简称宁红。清光绪十七年（1891年），修水茶商罗坤化开设的厚生隆茶庄产制的白字号宁红茶100箱，在汉口以每箱100两白银售给俄罗斯商人，游历来华的俄罗斯太子尼古拉·亚历山德维奇赠给“茶盖中华，价甲天下”匾额，“宁红太子茶”也由此得名。清光绪十八至二十年（1892—1894年）间，修水每年出口宁红茶30万箱给俄罗斯商人，占江西省出口茶叶的80%。

相传，唐太宗统一天下时，兵至江西义宁洲漫江，翌日重病缠身卧床不起，当地百姓以变色茶药（发酵红茶）奉饮，唐太宗饮尽数杯，身轻如燕，病除康健，便赐此茶为“宁红”。“宁”字

比喻统一天下后，百姓安宁度日；“红”字既表“吉利”之意，又体现了茶的红亮汤色。

又传，李自成山海关大战惨败，仓皇退出北京城。当李自成部队逃到九宫山，经过漫江茶园时，茶农不知道来了什么兵，赶紧躲进了大山里，刚好采摘的“谷雨尖”茶叶嫩芽全部堆在茶房里来不及揉制。部队经过后，茶农们回到茶房，发现茶叶发酵了。眼看着自己千辛万苦摘来的茶叶发酵了，茶农们心痛不已，但还是将发酵了的茶叶做出来。不料，歪打正着，茶叶变红了，还有一种特别香味飘然而出。以后，家家户户仿而效之，都把自家的新茶发酵一遍再做。久而久之，“漫江绿”变成了“漫江红”，宁红茶因此而来。

宁红茶还有“宁红不到庄，茶叶不开箱”的美誉。相传，第一次世界大战爆发后，汉口茶市衰落，宁红茶多运往上海出口。抗日战争时期，沪、汉相继失守，1938 年，宁红茶运往香港销售，1939 年，宁红茶运往湖南浏阳、衡阳转运广州或海防出口。而修水又地处山区，交通不便利，加之战争动乱，运输耗时长，九江、汉口、上海、香港茶市和口岸往往会出现等宁红茶到了后才开箱品优的现象，因此宁红茶就有了“宁红不到庄，茶叶不开箱”之崇高行规地位。

普洱茶的传说

普洱茶产于云南省的西双版纳、临沧、普洱等地区，普洱茶茶汤橙黄浓厚，香气高锐持久，香型独特，滋味浓醇，经久耐泡。普洱茶的历史可以追溯到东汉时期，民间有“武侯遗种”的传说。普洱茶得名源于乾隆皇帝，有“先有普洱府，后有普洱茶”说法。

相传清朝乾隆年间，普洱城内有一濮姓茶庄，世代以制茶售茶为业，濮氏茶庄生产的团茶、沱茶远销西藏、缅甸等地，被指定为朝廷贡品。

到这一年岁贡了，年轻的少庄主与普洱府罗千总进京纳贡。这一年春雨格外绵长，由于时间仓促，毛茶还没晒干就急忙被压制成饼，送往京城。从云南到北京，三个多月的匆匆赶路，终于在限定日期之前赶到了北京。

安顿下来后，少庄主小心翼翼打开茶包检查，大惊失色。茶叶的表面都有了一层白白的霜，原来茶叶“发霉”了。少庄主心想，这回死定了。幸好客栈中的店小二无意间喝了此茶，并称赞其味道很好。于是，少庄主斗胆把发霉的茶叶呈了上去。

乾隆是喜欢品茶和鉴茶，当天，各地送来的贡茶，琳琅满目、应不暇接。突然间，乾隆皇帝眼前一亮，发现有一种茶，被压制成饼，饼圆如中秋之月。冲泡出来的茶，汤色浓郁红艳，犹如红宝石一般，显得十分特别。忙上前一闻，醇厚的香味直沁心脾，喝一口，绵甜爽滑。乾隆皇帝大悦，问道:“此茶何名？滋味这般得好，为何府所贡？”太监忙答道:“此茶为云南普洱府所贡。”乾隆皇帝高兴说道:“普洱府，普洱府……此等好茶居然无名，那就叫普洱茶吧。”于是，普洱茶因此得名。

在这之后，濮氏老庄主和普洱府的茶师们，根据这批贡茶研究出了普洱茶的发酵工艺，其他茶庄纷纷效仿，从此代代相传。

太平猴魁的传说

太平猴魁是中国历史名茶之一，产于安徽太平县（现为黄山市黄山区）一带，为尖茶之极品，久享盛名。

传说古时候，在黄山居住着一对白毛猴，生下一只小毛猴。有一天，小毛猴独自外出玩耍，来到太平县，遇上大雾，迷失了方向，没有再回到黄山。

老毛猴立即出门寻找，几天后，由于寻子心切，劳累过度，老猴病死在太平县的一个山坑里。山坑里住着一个老汉，以采野茶与药材为生，他心地善良，当发现这只病死的老猴时，就将他埋在山冈上，并移来几棵野茶和山花栽在老猴墓旁，正要离开时，忽听有说话声："老伯，你为我做了好事，我一定感谢您。"但不见人影，这事老汉也没放在心上。

第二年春天，老汉又来到山冈采野茶，发现整个山冈都长满了绿油油的茶树。老汉正在纳闷时，忽听有人对他说："这些茶树是我送给您的，您好好栽培，今后就不愁吃穿了。"这时老汉才醒悟过来，这些茶树是神猴所赐。从此，老汉有了一块很好的茶山，再也不需翻山越岭去采野茶了。

为了纪念神猴，老汉就把这片山冈叫作猴岗，把自己住的山坑叫作猴坑，把从猴岗采制的茶叶叫作猴茶。由于猴茶品质超群，堪称魁首，后来就将此茶取名为太平猴魁了。

又相传，很久以前，在南京城里，有母子两人经营一家茶叶店。有一年儿子赵成去安徽太平购买茶叶，遇到一对十分贫穷的母女，就把随身所带的银子给了母女俩。那位老人看赵成诚恳善良、忠厚可靠，就把自己的独生女儿许配给了他。女孩名叫猴魁，生得聪明伶俐。新婚之夜，猴魁做了一个奇怪的梦，梦见一位仙翁托梦给她，告诉她在山上很高的地方，有一株奇特的茶树，假若能够采到，便可包治百病。

第二天，猴魁按照仙翁的指点，攀上高山，在一线天处，采得茶叶。猴魁并未将此事告诉丈夫，而是悄悄地将茶叶藏了起来，以备不时之需。

后来，丈夫欲回南京，带了妻子、岳母同行。行至京城时，看到皇帝张榜重金悬赏良医良药，为公主治病。猴魁看到后，毅然代丈夫揭榜。然后，拿出自己的茶叶让丈夫带进宫中。果不其然，公主喝了此茶后，身体由病危转至慢慢康复。皇帝惊喜之下，问此茶名，赵成急中生智，回答说是猴魁茶。从此，猴魁茶名声大振，远近闻名。

大红袍的传说

大红袍是武夷岩茶中的佼佼者，产于福建武夷山区，属乌龙茶，品质优异。关于大红袍茶树的名称由来，民间传说很多，比较公认的版本有两种御封说。

传说古时，有一穷秀才上京赶考，路过武夷山时，病倒在路上，幸被天心庙老方丈看见，泡了一碗茶给他喝，果然病就好了，后来秀才金榜题名，中了状元，还被招为东床驸马。

一个春日，状元来到武夷山谢恩，在老方丈的陪同下，前呼后拥，到了九龙窠，但见峭壁上长着三株高大的茶树，枝叶繁茂，吐着一簇簇嫩芽，在阳光下闪着紫红色的光泽，煞是可爱。老方丈说，去年你犯鼓胀病，就是用这种茶叶泡茶治好。很早以前，每逢春日茶树发芽时，就鸣鼓召集群猴，穿上红衣裤，爬上绝壁采下茶叶，炒制后收藏，可以治百病。

状元听了要求采制一盒进贡皇上。第二天，庙内烧香点烛、击鼓鸣钟，召集大小和尚，向九龙窠进发。众人来到茶树下焚香礼拜，齐声高喊“茶发芽”。然后采下芽叶，精工制作，装入锡盒。状元带了茶进京后，正遇皇后肚疼鼓胀，卧床不起。状元立即献茶让皇后服下，果然茶到病除。

皇上大喜，将一件大红袍交给状元，让他代表自己去武夷山封赏。一路上礼炮轰响，火烛通明，到了九龙窠，状元命一樵夫爬上半山腰，将皇上赐的大红袍披在茶树上，以示皇恩。说也奇怪，等掀开大红袍时，三株茶树的芽叶在阳光下闪出红光，众人说这是大红袍染红的。后来，人们就把这三株茶树叫作“大红袍”了。有人还在石壁上刻了“大红袍”三个大字。从此大红袍就成了年年岁岁的贡茶。

又相传，在很早以前，有个皇后生病了，怎么治都无法医治好，于是皇帝就命太子去民间寻找治愈之方。

太子出京城后，一路奔走，四处寻访，均无所获。最后到了武夷山。只见奇峰怪石，林深路险。正在发愁往哪里走时，猛听远处有人呼叫救命。太子急赶上去，只见一只猛虎，正在撕咬一位老人。太子怒而拔剑，当场杀死猛虎，救了老人。老人为谢太子，热情相邀太子到家中一坐。言谈间，得知皇后病重，问清状况后。当即带太子到一座悬崖前，指着半壁上一从小树，说山里人如遇到肚腹胀闷，采下此树叶片煎汤服用，其效如神。太子大为高兴，攀上岩壁，脱下身穿大红袍，采了一大包下来。

星夜赶回京城后，将树叶煎汤奉送皇后。只见一碗初下，肚中作响；二碗再饮，上下通畅；三碗下肚，神清气爽，果然药到病除。皇帝大喜，于是赏赐大红袍给茶树御寒，并封老人为护树将军，后来这茶就被称为大红袍了。

井冈翠绿茶的传说

井冈翠绿茶是江西十大名茶之一，约有 600 多年的历史，其前身是“石姬茶”。在井冈山一带，流传着一个“石姬茶”的美丽传说。

相传，石姬是天上玉皇大帝的一名侍女，一次随玉皇大帝云游各地仙山，来到井冈山上空。石姬一时被风景如画的井冈山所陶醉，当玉帝要喝茶时，一不小心竟失手将玉杯打碎。玉帝大怒，随即把她贬下天庭。石姬从彩云中飘落到了井冈山，见这儿山清水秀、民风淳朴，便决心留在这里，并与当地老表一起栽培新茶。她采山岚之精英，集云雾之瑞气，辛勤浇灌，精心侍弄，功夫不负有心人，数年之后，终于培育出一种有浓浓仙味的新茶。石姬种的茶树长得非常好，制作的茶叶品质也特别可口。

从此，这个村生产的茶叶名声越来越大，销区越来越广，村民的生活得到了很大的改善。为了纪念石姬的一片诚心，当地老表就把石姬种的茶叫作“石姬茶”，把这个村叫作“石姬村”，这个村所在的山窝叫作“石姬窝”，流经这里的一条小溪叫作“石姬溪”。如今，在“石姬茶”基础上培植出的“井冈翠绿”已成为茶中珍品，深受消费者欢迎。

蒙顶茶的传说

蒙顶茶是中国传统绿茶，产于四川省雅安市名山区蒙顶山。据古籍、古碑和清代《四川通志》载，自西汉名山茶农吴理真手植七株茶树于蒙山之巅，至今已有2000多年历史，俗称“扬子江中水，蒙顶山上茶”。

相传古时候，在一条名叫青衣江的地方，有一条鱼仙，经过千年修炼成人，貌美如花，出尘脱俗，由于对人间的好奇，便打扮成普通农村女孩。鱼仙就在附近的蒙山玩耍，捡到了一些茶籽，

在回家路上遇到了风度翩翩的采花青年吴理真，两人一见如故。鱼仙拿出了自己刚刚捡来的茶籽，作为礼物送给了吴理真，定了终身，并相约在来年茶籽发芽时，鱼仙前来与他成婚，结为连理。鱼仙走后，吴理真就将茶籽种在蒙山顶上。第二年春天，茶籽发芽了，鱼仙来了，两人成亲之后，相亲相爱，共同劳作，培育茶苗，以茶为生，生下了一儿一女，相互陪伴。

茶苗长成了茶树，鱼仙开心地把肩上的白纱抛向空中，没想到，顿时白雾弥漫，笼罩了蒙山顶，使得茶树势头大好，越长越旺。

可惜好景不长，鱼仙私自与凡人成婚的事情，被河神发现了。河神下令鱼仙立即回宫。天命难违，无可奈何，鱼仙只能返回自己的水晶宫，一生一世无法再踏入凡间。临走前，她依依不舍，千叮万嘱让儿女好好陪伴父亲，培育好他们的茶树，并把那块能变云化雾的白纱留下，让它永远笼罩蒙山，滋润茶树。

吴理真一生种茶、做茶，活到了 80 岁，因过于思念鱼仙，最终投入古井而逝。后来有个皇帝，因吴理真种茶有功，追封他为“甘露普慧妙济禅师”。蒙顶茶因此世代相传，朝朝进贡。

恩施玉露茶的传说

恩施玉露茶是我国传统名茶，产于湖北省恩施市芭蕉乡一带，自唐朝起便有“施南方茶”的记载。玉露茶原名为“玉绿”，后来人们观其白毫如玉，因此又被叫作“玉露”。

相传，在清朝康熙年间，在恩施有一位蓝姓的茶商。不知道什么原因，茶叶店的生意一直不好，眼看着就要倒闭，店主也准备回家种地去了。但是，这位蓝姓的茶商有两位如花似玉的女儿，一叫蓝玉，一叫蓝露，两人不仅貌美如花，而且善于采茶、制茶等。

两位姑娘看到父亲愁眉紧锁，整日愁困不已，茶叶堆积如山却迟迟卖不出去，试想，是不是茶叶出了问题。于是，商量之下两人便决定亲自上山去采摘茶叶，二人专门挑选那种青翠欲滴的芽叶，只选一芽一叶或者是一芽两叶的鲜嫩叶子，而且要求严格到每片芽叶必须大小匀称、细嫩饱满、色泽鲜绿，而且形状像松针一样挺直而坚实。

因为要求较高，二人上山半个月才采到两斤精品茶叶。回去之后开始研制，经过一系列的蒸汽杀青、烘干、揉捻，最后将一些碎片、老梗等摘除出去，用特有的牛皮纸包好，并储藏于密封的石灰缸中。两人整整花了八天八夜才将这款茶制好。

二人将制好的茶冲泡给父亲品尝，蓝姓茶商喝完之后惊为“天茶”，并赞不绝口。这款茶还得到客人的广泛好评，并且一路畅销，蓝姓茶商高兴不已，便用自己女儿的名字将这款茶命名为“玉露”，由于居于恩施，大家一般都叫作恩施玉露，自此恩施玉露名扬天下。

正山小种的传说

正山小种，又称拉普山小种，属红茶类，与人工小种合称为小种红茶。首创于福建省武夷山市桐木地区，是世界上最早的红茶，亦称红茶鼻祖，至今已经有 400 多年的历史。

武夷山之地，山多谷陡，终年云雾缭绕，降水量也很丰富，极适宜茶树生长。在宋朝时，便已是皇家御茶园。明代朱元璋改团为散，改为制作散茶后，因制作工艺不成熟，武夷山茶叶一落千丈，在明朝时并不受待见。

相传，明朝隆庆二年（1568 年），一支军队由江西进入福建时路过桐木关，夜宿茶农的茶厂，由于正值采茶时节，茶厂铺满了刚采下的鲜叶，准备做绿茶的鲜叶成了军人的床垫。第二天，当军队离去时，茶青发红，为了挽回损失，心急如焚的茶农赶紧用当地盛产的松木烧火烘干。烘干后带有马尾松特有的松脂香味的茶，并没有受到当地人们的喜爱，因为当时人们习惯喝绿茶。于是，村民把烘干后把变成“次品”的茶叶挑到星村贱卖。

本以为走霉运的茶农，在第二年竟然被人要求专门制作去年耽搁了加工的“次品”，并给 2~3 倍的价钱定购该茶。第三年、第四年的采购量还越来越大，以至于桐木关不再制作绿茶，专门制作这种以前没有做过的茶叶。这种生产量越来越大的“次品”，便是如今享誉国内外的正山小种红茶，只是当时的桐木关茶农并不知道他们眼中的“次品”，却是英国女王伊丽莎白的珍爱。

正山小种红茶在初期称小种红茶，其外形乌黑油润，当地人先以地方口音称为“乌茶”（音读 wu da，意即黑色的茶），后因其汤色红艳明亮才称红茶。“正山小种”红茶一词在欧洲最早称 WUYI BOHEA，其中 WUYI 是武夷的谐音，在欧洲（英国）它是中国茶的象征。后来，因贸易繁荣，当地人为区别其他假冒的小种红茶（人工小种或烟小种）扰乱市场，故取名为“正山小种”。“正山”指的是桐木及与桐木周边相同海拔的地域，用同一种传统工艺制作、品质相同、独具桂圆汤味的茶统称“正山小种”，“正山”也具有正确正宗的意义，而“小种”是指其茶树品种为小叶种，且产地地域及产量受地域的小气候所限之意，所以“正山小种”又称桐木关小种。

正山小种红茶繁荣于 17 世纪，美尤克斯《茶叶全书》的“茶叶年表”记述，1705年，爱丁堡金匠刊登广告，绿茶每磅售十六先令，红茶三十先令。英国17世纪著名诗人拜伦在他著名的长诗《唐璜》里写道：“我觉得我的心儿变得那么富于同情，我一定要去求助于武夷的红茶；真可惜，酒却是那么有害，因为茶和咖啡使我们更为严肃。”他称正山小种红茶为武夷红茶，给予富有文学浪漫色彩的赞评。

由于正山小种红茶，茶味浓郁、独特，在国际市场上备受欢迎，远销英国、荷兰、法国等地。相当长一段时间，正山小种是英国皇家及欧洲王室贵族享用的特种茶。

历史上，正山小种红茶最辉煌的年代在清朝中期。据史料记载，嘉庆前期，中国出口的红茶中有85%冠以正山小种红茶的名义。鸦片战争后，正山小种红对贸易顺差的贡献作用依然显著。

河红茶的传说

河红茶是我国传统名茶，产自江西省铅山县河口镇。河红茶自问世后，就赢得世人青睐，全国各地商人纷纷前来订购，俄、英、印度等国商人也不畏关山辽远，千里迢迢来到河口贩运。河红茶成了当时国内最著名的红茶和“第一次问世（出口）之华茶”，被西方人奉为至尊名茶，誉为“茶中皇后”。

铅山制茶历史悠久，早在宋代铅山茶就成为贡品。《铅山县志》中记载：“早在宋代，铅山就出产周山茶、白水团茶、小龙凤团茶。”明宣德、正德年间，铅山又有小种河红、玉绿、特贡、贡毫、贡玉、花香等名茶。据明万历版《信州府志》记载：“河红茶乃为国内最著名之红茶，且为华夏首次问世之华茶。”

河红茶的由来与十八罗汉有着密切联系。相传，鹅湖山贵人

峰下有一座山似罗汉坐卧，山溪自罗汉肚脐汇流而下，至山谷成一深潭，称罗汉塘。唐代，大义禅师在鹅湖山种罗汉塘茶，以飨香客，并教周边百姓种茶，人称鹅湖罗汉禅茶。相传，一年信州大旱，鹅湖峰顶寺院附近泉井无水，但贵人峰下依然是泉响盈谷。有一次，一个小和尚前往山下取水，到谷口，闻有兰香充溢山谷。惊异间，悄悄一探究竟，发现有十八罗汉聚在塘边，有人取水沐浴，有人掬泉而饮，有人架炉煮水，枕木品茗。有一个罗汉从锦囊里拿出种子，嵌进石壁，淋上泉水，茶树竟伸胳膊伸腿，突突地长出来了。罗汉摘一片叶子放入杯中，竟是一阵清香四溢。小和尚惊得叫出声来，一时风动云霓，飞鸟惊林，众罗汉霎时云逸而散，只留下山谷茶树与泉水共拂云山。自此，鹅湖山有了茶，由于茶树是十八罗汉所栽，所以河红茶又称“罗汉茶”。

麻姑茶的传说

麻姑茶产于江西省南城县麻姑山，是以山命名的一款绿茶。麻姑茶历史悠久，据《南城县志》记载，麻姑茶制作，盛于唐代，迄今有 1000 多年的历史，清初列为贡品。

麻姑山，原名丹霞山，位于南城县西部，群山重叠、瀑布飞溅、云多雾重、清泉遍布、景致迷人。

相传，在东汉时期，有一个仙女叫麻姑，长得非常漂亮，云游天下到丹霞山，因感叹丹霞山的秀美，便居于此山修炼。春分时节，麻姑常常上山采摘茶树的鲜嫩芽叶，再汲取些甜美清澈的神功泉的石中乳液，制成茶汁，款待当地众生，泡出的茶异常鲜美。

天有不测风云，有一年，麻姑所在的地方闹瘟疫，民不聊生。

心地善良的麻姑进入深山为百姓寻找救治瘟疫的药材。她的举动感动了一位老神仙，老神仙告诉麻姑，只有瑶池的碧莲仙草才能救治被瘟疫折磨的百姓。老神仙还送给麻姑大米、清泉、药草等，作为赴瑶池会、蟠桃会朝拜王母娘娘的贡品。麻姑用这些东西酿成了香醇的美酒和茶献给王母娘娘作为寿礼。麻姑也趁机采到了能起死回生的碧莲仙草。从此这里没有了瘟疫，人们过着富足、健康的生活。后来当地百姓为了纪念仙女麻姑，将丹霞山称作麻姑山，茶称作麻姑茶。

双井绿茶的传说

双井绿茶，产于修水县双井村，晚唐五代词人毛文锡所著的《茶谱》中记载："洪州双井白芽，制作极精"。欧阳修的《归田录》中将双井茶推崇为全国"草茶第一"。1985年，在江西省名茶评比鉴定中，双井茶被评为全省八大名茶之一。

双井茶历史悠久，有一则优美神奇的故事在民间传说。相传，北宋年间，黄庭坚进士及第后，在外做官，父亲已亡故，母亲仍然住在洪州分宁（今江西省修水县）乡下。黄庭坚非常孝顺，时常抽空回乡探视请安。

一天，他家门口来了个要饭的白鬓老太，黄瘦憔悴，风一吹就会倒的样子。黄庭坚一见到她，有一种说不出的亲切感，好像在哪里见过，朦胧脑海中有她的形象。白鬓老太一见到黄庭坚，一下子就认出了他，说："儿呀，你在这里啊，娘到处找你。"黄庭坚感到很是纳闷：这老太怎么是我的娘呀，生我养我的娘在家呀。白鬓老太见他不解，接着说："儿啊，我是你前生的娘，你家中的那个娘是你今生的娘。"黄庭坚不能不信，如果不是，他哪里

来的这种母子的亲切感，而且老太还似乎认识他。

黄庭坚忙把她接进屋里，安排房间住，供养起来。今生的娘有想法了，儿子是她一个人的，怎么又来个老太太认儿子，分明是病老无靠、乞讨过日子的讨饭婆，但她也管不了。

黄庭坚要回衙门去，但在回衙门之前，他怕两个娘不合，就让两个娘分开过，各睡各的屋，各煮各的饭，一栋房子两家人。可有一件事他没想到，那就是两个娘要共用后院一口井。

儿子走后，今生的娘想挤走这个白鬓老太，其他的难不倒她，儿子给她办齐了，不给水饮用，她就得走。于是，今生娘叫来木匠，给后院那口井做了个厚木盖，并上了锁。这山谷里该去哪里找水呢？前生娘没水饮用，只好下雨时接天水。由于盛水的器皿有限，接的天水不够饮用，只好省着用，一碗水洗米后洗菜，再洗脸、洗脚、洗衣服，最后一滴不剩。更多的时候是什么也不能洗，连喝的水也没有。前生的娘饥一顿饱一顿，走又走不动，恰巧又遇到大旱，眼看只有死路一条。

老天爷有眼，看见这一切，很怜悯白鬓老太。青天白日，突然一阵炸雷，打在房子的后院，顿时打出一口井，白鬓老太喜出望外，跪下向天磕头。白鬓老太得救，闲暇时就在院内院外种植茶树，用这井水泡茶喝，祭祀上天，活得很是自在。

从此，黄庭坚老家的后院有了两口井，人称双井。白鬓老太栽种的茶就叫双井白芽，嫩得很，属于上品茶。

新江羽绒茶的传说

新江羽绒茶产于江西省遂川县新江乡花果山，此茶连年被评为江西省吉安地区优质名茶。由于该茶的外形色白而纤细，白毫密集，好像鸟的羽绒一般，因而称之为羽绒茶。

相传在很久以前，老夫妻带着18岁的女儿一家三口从外地逃荒来到了遂川县地界。当他们艰难地来到新江乡时，老夫妻俩都病倒了。由于没钱治病，这对老夫妻相继病亡。留下18岁的女儿命运不济，被当地的一个花花公子看中，这个花花公子家非常富有，想依仗自家的权势霸占姑娘。不料，姑娘非常倔强，对这门婚事宁死不从，她不羡慕钱财，只想找个踏实肯干的青年。

后来那个花花公子派人来要挟姑娘说："给你一夜的思考时间，要是不答应，就不要怪我们不客气了！"姑娘在这里举目无亲，无依无靠，凭着自己的力量是无法与花花公子较量的，只好"三十六计，走为上计"。于是，姑娘趁着黑夜，只身逃跑了。由于路途不熟，她迷了路。天将破晓时，姑娘不敢独自行动，就爬上大山，钻进山林里。

几天后，一个青年猎人发现了饿得有气无力的姑娘，就将她背到山后自己的家中。这个青年也是父母双亡，自己在山坡上盖了间草房，以打猎为生。姑娘在猎人家休养了几天后，二人便相互产生了爱慕之情。他们在一个月圆之夜，对月跪拜结为夫妻。一个偶然的机会，姑娘发现了一丛茶树。

姑娘的老家是个茶乡，她熟悉茶树，只是觉得这丛茶树与众不同，它的叶芽茸毛很密集，枝叶也很粗壮。小夫妻俩就决定好好培育这丛茶树。第二年他们采摘了茶树的芽苞，焙炒成茶叶，发现这种茶叶仍然带有细密的茸毛，如同鸟的羽绒一般，就取名为羽绒茶。羽绒茶外形美观，带茉莉花一样的香气，冲泡后汤色澄明透亮、香气扑鼻，很快就得到茶商的青睐。

周打铁茶的传说

周打铁茶属绿茶，产于江西省丰城市荣塘镇。周打铁茶历史悠久，是中国古代专门进贡皇室、供帝王将相享用的茶叶。

相传，清朝乾隆年间，丰城市的荣塘乡有个名叫周打铁的人，为人憨厚正直、朴实忠诚，夫妻俩以经营茶树园为主。周打铁念过几年私塾，有些文化，对什么事都喜欢刨根问底。他喜欢钻研种茶技术，培育新的茶树品种。

有一年，周打铁培育的一个新品种茶叶获得成功，夫妻俩高兴得不知如何是好。恰好此时，乾隆皇帝到江南微服私访，来到周打铁的茶园。乾隆等人以商人的身份讨口水喝。周打铁夫妇一向对人热情，就将两位商人请到茶园的茅棚，将新焙炒的茶叶烹煎了一壶给客人喝。

乾隆喝了周打铁的茶，觉得品味不同一般，香气馥郁，齿颊留香，就提出要买 100 斤。可是，周打铁这种茶刚试种成功，产量远远不能满足顾客的需要。无奈，乾隆皇帝只好作罢，临走时鼓励周打铁要管理好茶园。

过了两年，乾隆皇帝还是没有忘记在丰城喝的那次茶，就通过江西巡抚到丰城寻找一个茶园主，想尝尝他种的茶。可是人海茫茫，到哪里去找呢？江西巡抚就想了个办法，以选贡茶的名义，要求每个茶园献上 5 斤茶，周打铁当然也不例外。在上缴茶叶时，因没有茶名，收缴的人就在茶包上写了“周打铁”三个字。

江西巡抚将收缴上来的茶叶，请江西的品茗专家品尝后，筛选出四五种，其中就有写着“周打铁”的那包茶，通过驿站快马送往京城。乾隆皇帝收到这几包茶后十分高兴，连夜品尝。当品尝最后一包茶时，乾隆双手击掌，兴高采烈地说：“就是它！这叫什么茶？”太监一看茶包外皮，上面写着“周打铁”三个字，就说：“这是周打铁茶。”于是乾隆皇帝降旨，赐这种茶为“周打铁茶”，定为贡品。从此周打铁茶名扬四方，流传后世。

武功山云雾茶的传说

武功山云雾茶是产于安福县武功山的一种茶叶。武功山云雾茶止渴生津、提神醒脑，1984 年，被评为江西地方名茶之一。武功山人又把云雾茶叫作佛祖连心茶。

相传很久以前，武功山的东边住着一位青年，名字叫刘行思，父母在他很小的时候就过世了，孤身一人从严田的潭州来到武功山下，拜师求艺，练就了一身过硬的武功，以打猎为生。大山西边住着一位姑娘，名叫玉兰，父母也很早就过世了，是外婆一手把她抚养大的，全靠采药为生。刘行思非常喜欢听玉兰唱歌，但是，他从来不让别人知道自己喜欢玉兰。玉兰在山上采药，经常遇见刘行思打猎，她非常喜欢刘行思的勇敢，但也从来不敢向他表露自己的心迹。

武功山下有个三江口，南、北、西三条江水在这里汇集成潭，流入赣江。潭水宽十余丈，水深百余尺。不知什么时候，从山外降下一条孽龙，盘踞在这潭里，伸头能吸赣江水，喷嚏可成满天风，性情乖戾，脾气暴躁。有一天夜晚，托梦给刘行思，责令他要在潭边为它建一座寺庙，每年 8 月 15 日选送一名美女给它做妻子，要是不答应，它不但要把玉兰抓走，而且要叫当地百姓统统葬身潭底。刘行思气得“呀”的一声醒来，心想“孽龙不除，百姓难安”。于是，从墙上取下利剑冲出大门，快步来到三江口，纵身沉入潭底，与孽龙展开厮杀，整整杀了七天七夜，交

锋九百九十九回合。最后，斩杀了孽龙，为民除了害，但是刘行思自已也身负重伤。当玉兰闻讯赶来，把他从潭底救起时，他已经奄奄一息，鲜血染红了三江口的河滩。玉兰见了，非常心痛，赶紧把他背回自己家里，上山采药，为他洗敷伤口，又到街上买了人参、精肉熬汤给他补身子。但是，不管玉兰怎样服侍，总不见好转，急得玉兰心里火烧火燎的。

这一天，正是谷雨时节，玉兰采药来到三江口，只见刘行思流过血的沙滩上，冒出几株山茶树，长势非常茂盛。玉兰小心翼翼地挖回家里，种在屋背后，每天给它浇水，不久便长出大片青翠透嫩的茶叶，玉兰把它采下咀嚼成浆液，用开水冲给刘行思喝。刘行思喝了以后，伤口便慢慢长出嫩肉，精神也一天比一天好转。玉兰非常高兴，每天坚持这样做。

一年过去了，刘行思的伤口愈合了，恢复了原来强壮的体魄。但是，玉兰由于每天大量嚼茶叶，涩性损害了她的元气，加上操劳过度，精神一天天萎靡下去，浑身无力，逐日消瘦，最终离开了人世。

玉兰死后，刘行思悲痛万分，把玉兰埋在茶叶树下，自己抱痛出家，成了佛教六祖的弟子，修行成七祖之后，又回到武功山，每天采摘山茶为百姓治病，不管什么伤病，喝了七祖的茶，当即康复。当地百姓都说:“这是玉兰姑娘和刘行思的连心茶，喝了长命百岁。”

从此后，此茶得名“佛祖连心茶”。

龙舞茶的传说

龙舞茶产于吉安市青原区的东固山，是江西名茶。东固山连绵起伏，茶园遍布，一口七米多深、清澈见底、清冽甘甜的泉水井坐落其中，此井水无论晴雨始终保持在离井口一米深的地方。有关龙舞茶和泉水井，在当地还流传着一个美妙的传说故事。

相传在古时候，吉安县的东固山一带，一连八九个月滴雨未落，天旱得禾苗干枯，溪水断流，稻田干裂，颗粒未收，渴死、饿死的人畜很多。整个东固山一带饿殍遍野，哀鸿遍地，一派萧条、破败的景象。

有的人家背井离乡逃难到外地去，有些故土难离的百姓，集结在一起登上东固山去焚香祈雨。这个举动惊动了观音菩萨，驾着祥云来到东固山的上空，看到百姓们衣衫褴褛、面黄肌瘦、跪拜祈雨的情景，十分感动，就从善财童子举着的宝瓶里抽出柳枝，朝着天空一晃，立时就浓云四起，电闪雷鸣。突然一声霹雳，在山坡上就炸出一口井来，还从井里飞腾出一条巨龙，在天空中盘旋飞舞，口中不断喷洒什么东西。不一会儿，巨龙就不见了踪影。接着，云消雾散，雨过天晴，艳阳高照，众百姓才发现巨龙盘旋之处，都长出了嫩绿的茶树。人们这才意识到巨龙喷洒的是茶树种籽，是来救助百姓脱贫致富的呀！本来百姓们就知道茶树如同摇钱树，只要精心劳作，就可以改善生活，可是原来这里没有水，自家又没有财力购买茶树种籽，想种茶树也办不到。如今山坡上有了井，吃水不成问题了，山坡上又有了茶树，真是喜从天降。大家再次跪拜，感激观世音菩萨的怜悯，更感激巨龙喷洒茶树种籽，就将采摘的茶叶叫作龙舞茶。

白毫银针的传说

白毫银针产于我国福建省东北部的政和县，是我国十大名茶之一。此茶色白如银、形状如针，有明目降火的奇效，可治大火症。

相传很早以前，有一年，政和一带久旱无雨，瘟疫四起，病者、死者无数。这时传说在洞宫山上的一口龙井旁有几株仙草，草汁能医治百病。于是很多勇敢的小伙子纷纷去寻找仙草，但都有去无回。

有一户人家，家中兄妹三人，大哥名志刚，二哥叫志诚，三妹叫志玉。三人商定先由大哥去找仙草，如不见人回，再由二哥去找，假如也不见回，则由三妹去寻找。大哥志刚出发前把祖传的鸳鸯剑拿了出来，对弟妹说："如果发现剑上生锈了，便是大哥不在人世了。"接着就出发了。走了三十六天，终于到了洞宫山下，这时路旁走出一位白发银须的老爷爷，问他是否要上山采仙草，并告诉他仙草就长在龙井旁，可上山时只能向前千万不能回头，否则采不到仙草。志刚一口气爬到半山腰，只见满山乱石，阴森恐怖，身后传来喊叫声，他不予理睬，只管向前。但忽听一声大喊"你敢往上闯"，志刚大惊，一回头，立刻变成了这乱石岗上的一块新石头。

这一天，志诚兄妹在家中发现剑已生锈，知道大哥已不在人世了。于是志诚拿出铁箭镞对志玉说："我去采仙草了，如果发现箭镞生锈，你就接着去找仙草。"志诚走了四十九天，也来到了洞宫山下遇见白发老爷爷，老爷爷同样告诉他上山时千万不能回头。当他走到乱石岗时，忽听身后志刚大喊"志诚弟，快来救我"，他猛一回头，也变成了一块巨石。

志玉在家中发现箭镞生锈，知道找仙草的重任最终落到了自己的头上。她出发后，途中也遇见白发老爷爷，同样告诉她千万不能回头，且送给她一块烤糍粑。志玉背着弓箭继续往前走，来到乱石岗，奇怪声音四起，她急中生智用糍粑塞住耳朵，坚决不回头。终于爬上山顶来到龙井旁，拿出弓箭射死了黑龙，采下仙草上的芽叶，并用井水浇灌仙草，仙草立即开花结籽，志玉采下种子，立即下山。过乱石岗时，她按老爷爷的吩咐，将仙草芽叶的汁水滴在每一块石头上，石头立即变成了人，志刚和志诚也复活了。兄妹三人回乡后将种子种满山坡。这种仙草便是茶树，于是这一带年年采摘茶树芽叶，晾晒收藏，广为流传，这便是白毫银针名茶的来历。

九龙茶的传说

九龙茶产于江西省安远县境内的九龙山上。九龙茶和龙泉水是安远县久享盛名的双绝，早为民间所传颂。九龙茶是我国的历史名茶，清朝雍正五年（1727 年）就已列为贡品。

宋朝末年，民族英雄文天祥和他的好友邹元彪，为了抗金救国，来到九龙山，组成九龙寨，一面招募乡勇扩军，一面筹备军饷，并鼓励耕织，号召当地人民垦荒种茶，茶园面积有了很大发展。长期以来，九龙山人民，常以载歌载舞来表达丰收的喜悦和对九龙茶的颂扬。古代的“赣南采茶戏”以及现代的“茶童歌”和电影《茶童戏主》，都是以九龙茶为背景编制而成的。

相传远古时期，一条苍龙和八条小龙盘踞在山下，一天苍龙带领八条小龙飞往东海，中途回望，发现这里重峦叠嶂，钟灵毓秀，顿生恋故之情，于是折道回归，安营扎寨，润物造化，衍育众生，最终化作一大八小九座山脉。一天，山下有个樵夫上山打柴，忽见山峰云雾中出现九条金光灿灿的龙，当云消雾散后，见九条龙飞舞处长出了九株茶树。人们说茶树是那九条龙的化身，故称“九龙茶”，山也就命名为“九龙山”。

又传说很久以前，九龙山下来了卖唱的父女俩。老汉爱种茶，女儿爱采茶，父女俩不约而同爱上了九龙山，便在山上定居下来。女儿从此取名茶妹子。每年采茶下山，九龙山茶农都要举行茶歌会，一来庆祝丰收，二来欢迎各路客商，父女俩想编一套采茶歌舞在茶歌会上演出，热热闹闹庆祝丰收，欢欢喜喜接待客商。于是，茶妹子砍来九根龙凤翠竹，编了九盏碧茶灯。茶灯八角分明，玲珑别致，拿在手上轻轻一摇，溜溜飞转，五彩缤纷。老汉编写了春、夏、秋、冬四季茶歌，取名《九龙茶灯》。茶女手撑茶灯，载歌载舞，似蝴蝶穿花，又像画眉出林。《九龙茶灯》的演出，轰动了九龙茶山，从此，九龙茶叶飘香京城。

阳羡茶的传说

阳羡茶（前身碣滩茶），产于江苏宜兴的唐贡山、南岳寺、离墨山、茗岭等地，以汤清、芳香、味醇的特点而誉满全国。宜兴古称“阳羡”，茶圣陆羽在《茶经》中称赞阳羡茶为“芳香冠世，可供上方”，茶仙卢仝的一句“天子须尝阳羡茶，百草不敢先开花”，更是使阳羡茶声名远扬。

据清雍正三年《重刊宜兴县志（卷一）》记载：在铜官山麓南岳寺旁有一泉眼，叫卓锡泉或珍珠泉，泉水清冽异常，大旱不竭。唐时寺内有一个叫稠锡的禅师常用这种泉水烹煮桐庐茶。不久有白蛇口含茶籽于寺旁，从此滋生蔓延成茶园，制成的茶叶称蛇茶或南山茶，品质特佳，享有盛誉，从此成为名茶。

有关“白蛇衔种”的传说，后人有较多的题咏。如宋代周必大《胜果寺咏阳羡茶泉》云：“听经日到斑斑虎，献茗时来白白蛇”；明代马治《阳羡茶》云：“蛇衔颇怪事，凤团虚得名”。

又相传很久以前，碣滩山下住着父女俩，老爹七十有八，身板硬朗；女儿年方十八，模样俊俏。传说老爹终身未娶，六十岁那年在滩边捡到一个女孩，他视若珍宝，天天煮粥将她喂大，人们管这个女孩叫“捡妹”。老爹一辈子在碣滩码头摆渡，结识了很多“船古佬”，他们常在家里歇脚，因无茶叶，只能将米炒焦，然后用开水冲之而喝，倒也是清火解渴。“要是有杯香茶待客多好啊”父女俩经常这样想。

一天夜里，捡妹睡梦中迷迷糊糊来到碣滩山坡，发现山顶上有一块坪，坪里长着一些似竹非竹、似草非草的绿树，有几个穿红着绿的姑娘，说说笑笑，在绿蓬丛中穿梭。捡妹正欲上前施礼，一团云烟飘过，姑娘们便无影无踪了。

次日清晨，她好奇地提着篮子上了山，踏荆踩棘走到溪的尽头，攀藤附葛爬上坡的险处，正愁无路可行时，突然从刺蓬里蹿出一只白兔子。她追着白兔跑，跑着跑着，眨眼间，白兔钻进了一个岩洞，她也跟着进去，出了洞，她一下子蒙了，白兔不见了，只有云雾在眼前飘荡。弯腰细看，发现自己已到了梦中的草坪里，一蔸蔸青翠欲滴的小绿树，张着嫩尖，伸着细叶，仿佛在向她致意，她高兴地一朵一朵摘了起来，篮子装满了，她笑着唱着回家了。经过炒焙，茶叶制好了，捡妹泡了一杯端给老阿爸，顿时满屋飘香。老阿爸品一口，拍手叫绝，连连称好。后来，客人们喝到捡妹泡制的茶水，无不赞扬。

捡妹发现好茶的事很快被一个财主知道了，财主带人“请”捡妹去制茶。捡妹不甘心好茶被财主霸占，手提茶壶便跑，财主和家人随后就追，眼看就要追上了，捡妹将茶壶朝后掷去，只听“轰隆”一声巨响，茶壶变成了一座山（即今碣滩南面的银壶山），将路堵住了。财主气急败坏，只能望山兴叹。从此，捡妹再也没有回来，但是，她采过的茶树却越长越葱茏；碣滩人也学会了制作茶叶，他们制作的茶叶也越来越香。

紫笋茶的传说

紫笋茶产于浙江省长兴县。唐代陆羽《茶经》中称："阳崖阴林，紫者上，绿者次，笋者上，芽者次。"紫笋茶制茶工艺精湛，茶芽细嫩，色泽带紫，其形如笋，唐代广德年间至明洪武八年间紫笋茶被列为贡茶。2007 年获中国国际茶业博览会金奖。

唐代紫笋茶，在浙江湖州民间流传着与陆羽爱情有关的传说。

唐代安史之乱后，一批批难民从北方逃到了江南。28 岁的陆羽也从老家湖北天门逃难到了湖州长兴的顾渚山。顾渚山临近太湖，景致迷人，山里住着一个年轻的女诗人李治。李治见陆羽文才出众，心生爱慕。一天，李治跟陆羽讲起了顾渚山有好茶。陆羽一听有好茶，很感兴趣，在对顾渚山进行一番勘察后，在明月峡种了一片茶树，并开始研究起茶叶来了。李治见陆羽一天到晚只知道研究他的茶叶，并不了解她的心事，就把话讲明了，要与陆羽成亲。陆羽一听，心想自己一生下来就被父母遗弃，为了活命，做过和尚，做过戏子，一直落难到江南，从没得到过温暖，当即表示愿意与李治结亲。

可李治的父母得知此事后，认为陆羽一不做官，二不经商，自己都养不活自己，坚决不同意。把李治关进闺房，并急忙给她找了个婆家，硬是把两个人给拆散了。李治气伤心肝，立在窗旁，整天发呆；陆羽则呆呆地看着茶树，无可奈何。

几年过去了，明月峡的茶树出茶叶了。陆羽采回一大堆鲜叶，没日没夜地蒸了起来，还特地从茅山、宜兴请来两个有名的品茶和尚，品尝自己蒸的茶叶。两个和尚品尝后，说："顾渚茶，茶叶嫩绿，茶性温和，味道别致，世上罕见。"

陆羽一听，大喜，制茶成功了！他马上给李治送去一包新茶。李治见陆羽站在门口，不管父母横眉竖眼，跑出房，接过茶叶，眼泪落了下来，对陆羽说："陆兄，你灯草架桥要过来，竹叶当船也要来！"

陆羽心里一阵酸，眼泪也落了下来。他回道："贤妹，我终究是孑然一身的一介山人，水漫阳桥路不通，井中摇船摇不通啊！"转身走了，为了李治，他离开了顾渚山。李治心一横，跑进吉祥寺做了道姑。

采茶的时候又到了，李治在寺前来回走着，等陆羽回来。一年、两年、三年……寺前的路都被踩陷下去了，陆羽仍杳无音信。

这一年的谷雨，李治还是没有等来陆羽，绝望了，哭得伤心欲绝，感天动地。突然，响起了惊雷，李治脚下冒出一股泉水，来路变成了一条溪流，这是李治的眼泪变成的呀！李治将泉水取名为"金沙泉"。李治不会陆羽的蒸茶法，就把采下来的茶叶，用金沙泉水洗过，放在锅子里不断地烘、炒、焙。炒出来的茶叶比蒸出来的茶叶别有一番风味，用金沙泉水一泡，汤色清朗，绿中带紫，喝一口，浑身舒服。

顾渚茶的名声从此传开，震动了京城。唐代宗专门来到顾渚山，一边欣赏太湖，一边品尝顾渚茶，竟然忘了回去。代宗皇帝回到京城后，下旨把顾渚茶和金沙泉水列为贡品，并在吉祥寺旁建造了一座贡茶院。

陆羽听到这个消息后，来到顾渚山，寻到了吉祥寺贡茶院，院里头传出了李治的歌声：柳意君莫醉，春桃也堪悉。陌上莺作断肠喉，逐波是孤舟。

陆羽心痛之极，冲进院内。此时的李治已经重病缠身，奄奄一息，躺在床上。见到陆羽，李治拼命撑起半个身子说："陆兄，总算把你盼来了！顾渚茶要等你起名字呢。"陆羽一把扶起李治，泡了杯顾渚茶，看了看，说："贤妹，顾渚茶绿中带紫，形状像笋，就叫它紫笋茶，好吗？"

李治说："好，这个名字好。陆兄，我……"话没说完就香消玉殒了。陆羽像发了疯，喊着李治的名字，终是唤不回李治。从此后，陆羽把全部心思都用在了茶叶上，终生未娶，留下了一部举世瞩目的《茶经》。

安化黑茶的传说

安化黑茶，因其产自湖南省安化县而得名，属于后发酵茶，主要产品以茯砖、黑砖、花砖、青砖、湘尖等产品为主，是中国国家地理标志产品。

相传，西汉张骞开通西域后，班超带领商队出使西域。有一日，路遇暴雨，班超商队所载茶叶被淋湿。班超怕误了出使日期，就让茶商只吹干了茶叶表面的水分就继续前行了。

不久进入河西走廊，车队在烈日炎炎的戈壁滩上行走，经过一个多月的跋涉，忽遇两个牧民捂着肚子在地上滚来滚去，额头上汗珠如雨。围观者介绍，牧民们终年肉食，不消化，容易造成肚子鼓胀，每年不少牧民死于此症。随行的医生想到茶叶能促进消化，就将茶叶取来。打开篓子一看，茶叶上长出了密密麻麻的黄色斑点。救人要紧，班超抓了两把发霉的茶叶放到锅里熬了一阵，给患病的牧民每人灌了一大碗。

患者喝下后，肚子里胀鼓的硬块渐渐消失。两人向班超磕头致谢，问是什么灵丹妙药使他们起死回生。“此乃楚地运来的茶叶。”班超答曰。

当地部落首领得知后，重金买下了那批茶叶。楚地茶叶能治病的消息从此传开。楚地的茶，正是来自湖南安化的茯茶，属于安化黑茶中的一个品种，这就是美名天下的茯茶的由来。

历史上的安化，是茶叶的天下，八大茶叶专业镇，三百家茶行，十万茶工，条条古道载茶马。千百年来，黑茶的消食去腻功能誉满边关。边疆牧民“宁可三日无粮，不可一日无茶；一日无茶则滞，三日无茶则病”。

凤凰单枞的传说

凤凰单枞主要产于广东省潮州市潮安县与饶平县之间的凤凰山，属乌龙茶类。潮州凤凰山的产茶历史十分悠久，清代时凤凰茶渐被人们所认识，并列入全国名茶。

在潮州凤凰山区，一直流传这样一个古老的传说：青龙和乌龙是一对孪生兄弟，都是南海龙王之子。一天，青龙化身独自上岸游玩，适逢人间宫廷盛会，他十分留恋人间美好的生活，便投胎成为龙麒。龙麒为高辛帝解除危难，除掉番王，保卫了中原，立了大功，封为驸马，赐名盘瓠。成婚后，青龙与公主不远万里，到凤凰山安家落户，成为中国畲族的始祖。青龙与高辛氏生下三男一女，过着刀耕火种、深山狩猎的幸福生活。这事传到了日夜想念哥哥的乌龙那里，便沿着韩江溯流而上，寻上凤凰山来，进入一个花果飘香、美丽富饶的山间世界。乌龙见过嫂嫂高辛氏，又见到结实健壮的盘、蓝、雷三兄弟，却不见哥哥青龙。当得知盘瓠已进深山打猎，他迫不及待地上山去找哥哥。

在山上，乌龙远远地看见盘瓠正在追赶一只老山羊，他想与哥哥开个玩笑，便变成一条又粗又老的黑须藤，横卧在路上。盘瓠只顾追赶前面的老山羊，没注意到脚下，被黑须藤重重绊了一跤，掉下万丈深渊。乌龙见状，急忙现身下深渊驮起哥哥回家，但盘瓠已是气绝身亡。

乌龙悔恨交加，重新变回黑须藤，欲求嫂侄一家谅解。不料老大盘氏怨气冲天，抡起大刀猛砍黑须藤。乌龙负痛现出原形，但见尾巴已断，鲜血淋漓，残尾仍为古藤。乌龙转念一想：兄长因它而死，自己也已身残，活着也无用，不如化成茶树，向嫂侄一家人赎罪，也可造福兄长的后人。于是，乌龙飞向山顶，抖落身上的鳞片，变成一株株的茶树，漫山遍野长满了碧绿的乌龙茶树。在青龙子孙们的精心培育下，乌龙茶代代相传，在凤凰山不断生长，后又传种到福建、浙江、台湾等地。

水仙茶的传说

水仙茶是中国茶叶优良品种之一，乌龙茶类中的一种，主要产于福建省建州（建瓯）一带。

相传有一年，福建武夷山热得出奇，有个建瓯的穷汉子以砍柴为生，还没砍几根柴，就热得头昏脑涨，口干舌燥，胸闷疲累，于是到附近的“祝仙洞”找个阴凉的地方歇息。刚坐下，只觉一阵凉风带着清香扑面吹来，远远望去原来是一棵小树上开满了小白花，绿叶却又厚又大。他走过去摘了几片含在嘴里，凉丝丝的，嚼着嚼着，头也不昏胸也不闷了，精神顿时爽快起来，于是从树上折了一根小枝，挑起柴下山回家。

这天夜里突然风雨交加，在雷雨打击下，他家一堵墙倒塌了。

第二天清早，一看那根树枝正压在墙土下，枝头却伸了出来，很快爆了芽、发了叶，长成了小树。那新发芽叶泡水喝了同样清香甘甜、解渴提神，小伙子长得更加壮实。

这事很快在村里传开了，问他吃了什么仙丹妙药，他把事情缘由说了一遍。大家都纷纷采叶子泡水治病，向他打听那棵树的来历，小伙子说是从“祝仙洞”折来的。因为建瓯人说“祝”和崇安话的“水”字发音一模一样，崇安人都以为是“水仙”，也就把这棵树叫作水仙茶了。大家仿效建瓯人插枝种树的办法，水仙茶很快就繁殖开来，长得满山遍野都是，从此水仙茶成为名品而传播四方。

又相传在武夷山三十六峰中，有一座叫天心岩，天心岩下有座天心庵。有一年，天心庵来了一户外乡人。老者叫白云公，是个忠厚老实的茶农，女儿叫白姑娘。他们借庵旁的土地搭个草庐，替庵里的道士种茶。父女俩种的茶很香，方圆百里的人都闻名赶来品茗。

俗话说：天有不测风云，人有旦夕祸福。白云公老汉有一次得了重病，不久离开了人世，只留下白姑娘一个人。

一天，白姑娘背着茶篓上山，看见一棵小茶树。小茶树上开满了星星点点的小白花，香味扑鼻。白姑娘觉得新奇，非常喜爱它，就小心翼翼地把它移到自己住的草庐旁种好。天心庵下有一个水仙洞，洞里有一眼山泉，泉水碧清碧清的，传说这泉水是从天庭瑶池里渗透下来的仙水，白姑娘便拎来山泉浇小茶树。第二年开春，小茶树长得很快，到了谷雨，竟有半人多高了。看那叶子，长得又厚又大，绿莹莹、亮晶晶、鲜嫩嫩的，十分惹人喜爱。因为这茶树是用水仙洞里的泉水来浇灌的，白姑娘就给这株茶树取名“水仙”。

天心岩下住着一个单身汉，干事勤快利落，喜唱山歌，大家都叫他鹤哥儿。鹤哥儿家穷，靠砍柴过日子。这天，他生了病，还要挣扎着上山砍柴，没想到昏倒在半路上，碰巧被白姑娘遇上了，白姑娘把他背回草庐。白姑娘泡碗浓浓的水仙茶，给鹤哥儿灌下去。没过多久，鹤哥儿醒过来了，竟然能够坐起来了，疾病也消失了。

从此，鹤哥儿经常给白姑娘送柴担水，两人结成了夫妻。白姑娘和鹤哥儿不断地用水仙茶给穷苦人治病。这消息很快传遍了武夷山，家家户户都知道水仙茶成了仙药。

名人茶事

我国是茶叶的故乡。在远古时期，我们的祖先就发现了野生的茶树。但在那时，茶并不是作为饮料，而是作为药材。茶当作药材时并不叫茶，而叫“茶”。远古时期就有“神农尝百草，日遇七十二毒，得茶而解之”的传说。在以茶做药的过程中，人们逐渐认识到茶叶的气味清香，而且有清热解渴的效用，这才慢慢将它从“茶”中分离出来，正名为“茶”。《神农食经》里写道：“茶味苦，饮之使人益思……轻身明目”“令人有力悦志。”

最初，人们喝茶是为了解渴，后来逐渐发展为茶道，被赋予了精神意义，达到使人心灵雅化的目的，于是对茶的认识逐渐“雅化”。茶的“雅化”过程是由唐代的“茶圣”陆羽完成的。他的那部《茶经》，不仅总结了前人饮茶的经验，而且还加以提高与规范化，充满了文人士大夫的审美趣味。《茶经》是历史上第一部系统论述茶的著作，也是茶“雅化”的标志，至今仍被全世界的茶人们奉为经典。

其实，茶作为一种文化现象，与人民生活息息相关。自古至今，一些士大夫和文人雅士与茶结缘，他们非常重视茶的精神享受和道德规范，讲究饮茶用具、饮茶用水和煮茶艺术，并且把茶与儒、道、佛哲学思想交融。他们在与茶的结缘中留下了大量的闲闻逸事。

神农尝茶

茶起源于神农氏时代，唐代陆羽在《茶经·六之饮》中写道："茶之为饮，发乎神农氏"。

相传在远古时期，到处都生长着千奇百怪的植物，究竟哪些可以吃，人们不得其解，于是神农氏就亲尝百草，准备选出一些能结子的植物，让人们种植。有一天，他尝了几种植物，这些植物汇集成"七十二毒"，搅得他口干舌燥，五内如焚，十分难受。正当神农氏无计可施之时，忽然一阵清风，吹来几片绿叶飘落在他跟前。他习惯性地捡起来就送入口中咀嚼，其汁液苦涩，气味却芬芳爽口，就将这几片绿叶嚼碎咽了下去。霎时间，他觉得肚子里的东西上下翻滚，好像在搜查什么。又过了一会儿，肚里风平浪静，舒服多了。这时，神农氏才意识到刚才吃的绿叶具有解毒的功效。于是起身沿着山坡到处寻找刚才吃的那种绿叶，经过三天的寻找，终于在一座小山坡上找到几棵树，他爬上树采摘了一些绿叶。神农氏如获至宝，欣喜异常。他想，这可是救命的绿树，能解毒。有了它，今后什么植物都可以尝尝了！

神农氏坐在树下歇息，忽然想到这是什么树呢？该叫什么名字呢？此时，他联想到刚吃进这种绿叶时，肚里好像什么东西在搜查什么，那就叫它"查"吧！当时我国还没有文字，就以"查"的称呼传了下来。

有了文字后，人们根据它开白花，有苦味，写成"荼"。陆羽在《茶经·七之事》辑录了中唐以前对茶的称谓有"荼、苦荼、茶茗、茶荈、茗、檟”等30多种。

神农长年累月地跋山涉水，尝试百草，每天都得中毒几次，全靠茶来解救。但是最后一次，神农来不及吃茶叶，就被毒草毒死了。

周武王茶称贡品

中国茶起源众说纷纭，有人认为起源于神农氏，有人认为起源于周，有人认为起源于秦汉等。但就当前已知的可信文献史料来看，首次提到有关茶的人是周武王姬发。

据《华阳国志·巴志》记载，大约在公元前1025年周武王姬发率周军及诸侯伐灭殷商的纣王后，便将其一位宗亲封在巴地。这是一个疆域不小的邦国，它东至鱼凫（今四川奉节东白帝城），西达僰道（今湖北宜宾市西南安边场），北接汉中（今陕西秦岭以南地区），南极黔涪（相当今四川涪陵地区）。巴王作为诸侯，理所当然要向周武王（天子）上贡。《巴志》中为我们开具了这样一份“贡单”：五谷六畜、桑蚕麻纻、鱼盐铜铁、丹漆茶蜜、灵龟巨犀、山鸡白雉、黄润鲜粉。同时，这份“贡单”后面还特别加注了一笔：其果实之珍者，树有荔枝，蔓有辛蒟，园有芳蒻香茗。这里的香茗，是指专人培植的茶叶，而不是深山的野茶。

《华阳国志》是我国保存至今最早的地方志之一，作者是东晋时代的常璩，字道将，蜀郡江原（今四川崇庆东南）人，是一个既博学、又重实地采访的司马迁式的学者，他根据非常丰富的资料，于公元355年前撰写了这本有十二卷规模的书。

周武王接纳了这宗贡品后是用来品尝、药用，还是别有所为，目前还不得而知。但我们从《周礼》这本书中似可探知，这

茶还有别的用处。《周礼·地官司徒》中说："掌荼。下士二人，府一人，史一人，徒二十人。""荼"即古茶字。掌荼在编制上设二十四人之多，干什么事呢？该书又称："掌荼：掌以时聚荼，以供丧事；征野疏材之物，以待邦事，凡畜聚之物。"原来茶在那时不仅是供口腹之欲，而且还是邦国在举行丧礼大事时必不可缺的祭品，必须要有专人掌管。

此外，《尚书·顾命》中有"王（指成王）三宿、三祭、三诧（即茶）"的记载，这说明周成王时，茶已代酒作为祭祀之用。由此可见，茶在3000年前的周代时，已有了相当高的地位。而在《诗经》中，"荼"字屡屡出现在像《谷风》《桑柔》《鸱鸮》《良耜》《出其东门》等诗篇中，便不足为怪了。

"茶祖"诸葛亮

位于云南省榕江县境南部与从江县交界处的山叫作孔明山，山上种的茶树叫孔明树，当地茶农将孔明奉为"茶祖"。

诸葛亮是云南茶区多民族共同尊奉的"茶祖"，与其平定南中及采取的和抚政策有关。

为维护蜀汉政权，安定西南地区的少数民族，诸葛亮率大军深入"夷蛮之地"治乱安民。当地的瘴气疫毒十分严重，很多兵士染上瘟疫，诸葛亮十分焦急，遂将手中的茶木手杖插在地上。几天后手杖绽出嫩芽，长出枝叶。诸葛亮命人采摘茶叶烹水，让兵士们饮用，结果兵士们都消灾祛疾。

为了安抚这些地区的民族，诸葛亮还派人从汉中运来稻谷和茶树，并向这些民族传授耕种农作物和茶树的技术，特别是对茶园的管理和对茶叶的采摘、焙炒的技术。由此，西南边陲的当地民族学会了种植农作物和种茶以及制茶的技术、饮茶的方法，还懂得了茶叶具有除湿排毒、降火驱寒、养肝明目、健脾温胃等作用。

诸葛亮南征平叛及采取的政策在西南各民族中影响广泛、深远。在思茅、西双版纳、临沧等茶区，留下许多关于诸葛亮与茶树、茶山的传说。

传说一：诸葛亮南征到达滇南一带，班师前一天传下命令，当夜士兵马头向北系，人头朝南睡。大部分士兵遵令系马睡觉，第二天清晨醒来时，已回到了四川；而少量士兵因系错了马头，睡错了方向而留在了滇南一带。诸葛亮为这些人的生计考虑，抓一把茶籽撒向滇南大地，让这些人从此以茶叶为生。此传说在西双版纳古六大茶山、思茅及耿马等地一直流传至今。

传说二：基诺族的祖先跟随诸葛亮南征到达滇南，班师时因掉队而流落在当地山区，被称为“丢落”人，即攸乐人（今基诺族）。他们所在的地方被称为攸乐山（今基诺山）。诸葛亮可怜这些人，派人给他们送来了茶籽，让他们在山上种植茶树为生。攸乐茶从此不断发展，成为著名的普洱茶古六大茶山之一。

传说三：诸葛亮南征，深入滇南“瘴疠之地”，士兵普遍染病。诸葛亮发现当地有野生茶树，遂令士兵采摘茶树叶煎饮，解除了士兵的病痛。南征结束后，部分流落在滇南的士兵及土著民族开始栽培野生茶树。

对于这些传说，云南茶区的广大茶农深信不疑。他们祖祖辈辈者尊奉诸葛亮为“茶祖”，每年农历七月二十三，即诸葛亮生日那天，布朗、基诺、佤、傣等民族还要举行“茶祖会”，祭拜属于“武侯遗种”的古茶树，纪念并祀求“茶祖”诸葛亮保佑茶叶丰收、茶山繁荣、茶农平安。在他们心中，诸葛亮不仅是栽培利用茶树的始祖，也是古老茶山永远的守护神。

茶圣陆羽

陆羽（733—804 年），字鸿渐，一名疾，字季疵，号竟陵子、桑苎翁、东冈子，唐复州竟陵（今湖北天门）人。一生嗜茶，精于茶道，以著世界第一部茶叶专著——《茶经》闻名于世，对中国茶业和世界茶业发展做出了卓越贡献，被誉为“茶仙”，奏为“菘圣”，祀为“茶神”。他亦工于诗，但传世之作不多。

陆羽一生富有传奇色彩。他原是个被遗弃的孤儿，唐开元二十三年（735 年），陆羽三岁，被竟陵龙盖寺住持僧智积禅师在当地西湖之滨拾得。智积禅师以《易》卦辞“鸿渐于陆，其羽可用为仪”，于是，给他定姓为“陆”，取名为“羽”，以“鸿渐”为字。

陆羽在寺院学文识字，习诵佛经，还学会煮茶等事务。十二岁那年，陆羽离开了龙盖寺。此后，陆羽在当地的戏班子里当过丑角演员，兼做编剧和作曲。后受到竟陵太守李齐物的赏识，当即赠以诗书，并修书推荐他到隐居于火门山的邹夫子那里学习。在火门山邹老夫子门下受业七年，直到十九岁那年才学成下山。

天宝十一年（752 年）礼部郎中崔国辅被贬为竟陵司马。是年，陆羽揖别邹夫子下山。崔与陆相识，两人常一起出游，品茶鉴水，谈诗论文。天宝十三年（754 年）陆羽为考察茶事，出游巴山峡川。行前，崔国辅以白驴、乌犁牛及文槐书函相赠。一路之上，他逢山驻马采茶，遇泉下鞍品水，目不暇接，口不暇访，笔不暇录，锦囊满获。唐肃宗乾元元年（758 年），陆羽来到升州（今江苏南京），寄居栖霞寺，钻研茶事。次年，旅居丹阳。唐上元元年（760 年），陆羽从栖霞山麓来苕溪（今浙江吴兴），隐居山间，阖门著述《茶经》。其间常身披纱巾短褐，脚着藤鞋，独行野中，深入农家，采茶觅泉，评茶品水，或诵经吟诗，杖击林木，手弄流水，迟疑徘徊，每每至日黑兴尽，方号泣而归，时人称谓今之“楚狂接舆”。

最后，陆羽隐居苕溪，从事对茶的研究著述。他历时五年，以实地考察茶叶产地三十二州所获资料和多年研究所得，写成世界上第一部关于茶的研究著作《茶经》的初稿。后又经增补修订，于五年后正式出版。《茶经》是唐代及以前有关茶叶的科学知识和实践经验的系统总结，也是陆羽躬身实践、笃行不倦取得茶叶生产和制作的第一手资料，更是遍稽群籍、广采博收茶家采制经验的结晶。宋陈师道为《茶经》作序道：“夫茶之著书，自羽始。其用于世，亦自羽始。羽诚有功于茶者也！”

陆羽除在《茶经》中全面叙述茶区分布和对茶叶品质高下的评价外，有许多名茶首先为他所发现。如浙江长城（今长兴县）的顾渚紫笋茶，经陆羽评为上品，后列为贡茶；义兴郡（今江苏宜兴）的阳羡茶，则是陆羽直接推举入贡的。

不少典籍中还记载了陆羽品茶鉴水的神奇传说。唐张又新在《煎茶水记》中记述：“云代宗朝李季卿刺湖州，至维扬，逢陆处士鸿渐。李素熟陆名，有倾盖之欢，因之赴郡，至扬子驿。将食，李曰：‘陆君善于茶，盖天下闻名矣，况扬子南零水又殊绝，今日二妙，千载一遇，何旷之乎！’命军士谨信者，挈瓶操舟，深诣南零。陆利器以俟之。俄水至，陆以勺扬其水曰：‘江则江矣，非南零者，似临岸之水。’使曰：‘某棹舟深入，见者累百，敢虚绐乎。’陆不言，既而倾诸盆，至半，陆遽止之，又以勺扬之曰：‘自此南零者矣！’使蹶然大骇，驰下曰：‘某自南零赍至岸，舟荡

覆半，惧其鲜，挹岸水增之。处士之鉴，神鉴也，其敢隐焉。’李与宾从数十人皆大骇愕。李因问陆：‘既如是，所历经处之水，优劣精可判矣。’陆曰：‘楚水第一，晋水最下。’”

《茶经》问世，不仅使“世人益知茶”，也让陆羽为朝廷所知，曾召其任“太子文学”“徙太常寺太祝”，但陆羽无心仕途，竟不就职。晚年移居上饶茶山，留有“陆羽井”。

茶仙卢仝

卢仝（795—835年），自号玉川子，唐代诗人，今河南济源市思礼人。早年隐居少室山茶仙泉，后迁居洛阳。著有与茶圣陆羽《茶经》齐名的《茶谱》《七碗茶诗》，被尊称为“茶仙”。

卢仝好茶成癖，诗风浪漫，他的《走笔谢孟谏议寄新茶》诗，传唱千年而不衰，其中的“七碗茶诗”之吟，最为脍炙人口：“一碗喉吻润，二碗破孤闷。三碗搜枯肠，唯有文字五千卷。四碗发轻汗，平生不平事，尽向毛孔散。五碗肌骨清，六碗通仙灵。七碗吃不得也，唯觉两腋习习清风生。”茶的功效以及卢仝对茶饮的审美愉悦，在诗中表现得淋漓尽致。《走笔谢孟谏议寄新茶》的全文为：日高丈五睡正浓，军将打门惊周公。口云谏议送书信，白绢斜封三道印。开缄宛见谏议面，手阅月团三百片。闻道新年入山里，蛰虫惊动春风起。天子须尝阳羡茶，百草不敢先开花。仁风暗结珠琲瓃，先春抽出黄金芽。摘鲜焙芳旋封裹，至精至好且不奢。至尊之馀合王公，何事便到山人家。柴门反关无俗客，纱帽笼头自煎吃。碧云引风吹不断，白花浮光凝碗面。一碗喉吻润，两碗破孤闷。三碗搜枯肠，唯有文字五千卷。四碗发轻汗，平生不平事，尽向毛孔散。五碗肌骨清，六碗通仙灵。七碗吃不得也，唯觉两腋习习清风生。蓬莱山，在何处？玉川子，乘此清风欲归去。山上群仙司下土，地位清高隔风雨。安得知百万亿苍生命，堕在巅崖受辛苦！便为谏议问苍生，到头还得苏息否？

卢仝满怀感激之诚，集中表现出独自煎茶和痛饮七碗茶之畅快淋漓。“一碗喉吻润”，水润喉是为品茶之基本。“二碗破孤闷”，一语道破天机，直抒胸臆，茶乃醒世之物而非以酒解愁。“三碗搜枯肠，唯有文字三千卷”，与那些朱门“肥肠”相比之下的枯肠，唯以知识修养作为文人清高孤傲姿态的写照。但卢仝真正能够高人一筹的感觉还是要数第四碗，“四碗发轻汗，平生不平事，尽向毛孔散”。和风细雨般的轻松语言将诗人平生遭遇种种不快和心中郁结都已散发到九霄云外。何以解忧，唯茶是求。“五碗肌骨轻，六碗通仙灵。七碗吃不得也，唯觉两腋习习清风生。”从第五碗到第七碗，则纯粹是卢仝由物质到精神的一种感受和升华，是一种心会和享受的过程。

卢仝所描述的从“一碗”到“七碗”的功能，形成品茶的清新灵动，诙谐幽默之趣跃然于眼，而在“七碗”后，有一句自然延伸段，让卢仝终于大声疾呼出“蓬莱山，在何处？玉川子，乘此清风欲归去”的心中梦想，这恐怕应该是所有茶人的梦想，是否能实现？悬念就在于此。而恰恰是这一碗到七碗的精彩绝唱，从而把品茶的审美升华到精神领域，由此也确立了《七碗茶歌》在中国茶诗中的地位。

茶道之父皎然

皎然（720—804年），俗姓谢，字清昼，湖州（今浙江吴兴）人，是南朝大诗人谢灵运的十世孙，唐代著名的诗僧、茶僧，在文学、佛学、茶学等方面有深厚造诣，世称“茶道之父”。

如果说是智积禅师收养了陆羽，使他成为一名煮茶童子，那么皎然是培养陆羽撰写《茶经》成功的指导老师。陆羽在25岁时遇见40多岁的皎然，佛家的茶缘，竟让他们结成“缁素忘年之交”的深重友谊。

皎然喜茶、善煮茶，对茶的知识了如指掌，倡导一种全真的茶道精神，对煮茶童子出身的陆羽影响颇深，启发他著茶书的壮志。皎然还为陆羽开展茶学、茶业研究提供环境和物质条件。他利用寺管的茶园，让陆羽对茶的种植与制艺进行实践。他经常举办“品茗会”“斗茶赛”“诗茶会”，让陆羽对茶文化思想深入探索。著名的“三葵亭”，就是773年由陆羽设计，颜真卿书法题名，皎然策划而建成的。陆羽曾在妙喜寺寄宿了三四年，皎然与他诗论、探讨，把自己写的《茶决》给陆羽参考，促成他写成了《茶经》三卷。

皎然对陆羽是真心关爱又严格要求，在《饮茶歌郑容》一诗中，批评“云山童子调金铛，楚人茶经虚得名”。他让陆羽深入茶山研究茶叶栽培、管理、采摘、煎制等茶事活动，经过40年的补充修改，陆羽完成了《茶经》。

皎然是以茶代酒、以茶为饮之风的积极推广者。他的《九日与陆处士羽饮茶》：九日山僧院，东篱菊也黄。俗人多泛酒，谁解助茶香。诗中言俗人尚好酒，雅者识茶香。皎然还有一首闻名的《饮茶歌诮崔石使君》诗：越人遗我剡溪茗，采得金牙爨金鼎。素瓷雪色缥沫香，何似诸仙琼蕊浆。一饮涤昏寐，情来朗爽满天地。再饮清我神，忽如飞雨洒轻尘。三饮便得道，何须苦心破烦恼。此物清高世莫知，世人饮酒多自欺。愁看毕卓瓮间夜，笑向陶潜篱下时。崔侯啜之意不已，狂歌一曲惊人耳。孰知茶道全尔真，唯有丹丘得如此。

这首诗是中国茶道的开山之作，可与卢全的《七碗歌》并美，说一杯茶去沉睡，二杯清精神，三杯可入道，世人醉酒，多是自欺。你见那崔侯饮后，心旷神怡，不能自制，狂歌一曲，狂放惊人，这种率真的表现，无我的境界，只有神仙才能达到妙境。如此看只有茶是清高绝尘之饮，笑问篱下的陶公，可知“全尔真”的茶道精神乎？

皎然是禅门僧人，也是普通凡人，更是文者诗人。视名利为粪土，却有爱品茗论道之风，饮茶赋诗之德。他的一首著名《饮茶赋》可见人生飘逸：晦夜不生月，琴轩犹为开。墙东隐者在，淇上逸僧来。茗爱传花饮，诗看卷素裁。风流高际会，晚景屡裴回。

皎然写下二十多首的茶诗，既是研究陆羽的佐证，也是研究中国茶文化的重要资料。其中他的咏茶诗，对采茶、制茶、煮茶、品茶、茶的功效等都做了实在描绘，对茶之水、茶之具、茶之饮等技术层面上有开创性的研究，对茶理、采摘、气候、时间、营销有深入研究。

别茶人白居易

白居易（772—846年），字乐天，号香山居士，别号“别茶人”，唐代著名的现实主义诗人。白居易一生嗜茶，几乎从早到晚茶不离口。他在诗中不仅提到早茶、中茶、晚茶，还有饭后茶、寝后茶，是个精通茶道、鉴别茶叶的行家。

一生嗜茶，擅作“茶诗”。同时白居易也是一个精通茶道、鉴别茶叶的行家。他对茶的偏爱基本上都写在了诗歌中，而且几乎从早到晚茶不离口。他的一生写了不少于65首茶诗，其中茶主

题的有 8 首，而叙及茶事、茶趣的则有 50 多首。在众多“茶诗”中，不仅提到了早茶、中茶、晚茶饮茶方式，还写出了饭后茶、寝后茶的饮茶风俗。《谢李六郎中寄新蜀茶》诗中，写出诗人对茶的那份痴爱：故情周匝向交亲，新茗分张及病身。红纸一封书后信，绿芽十片火前春。汤添勺水煎鱼眼，末下刀圭搅麹尘。不寄他人先寄我，应缘我是别茶人。

从白居易的“茶诗”可以看出，他不仅特别钟爱饮茶，而且也用茶来修身养性，以茶会友交，用茶抒情。在《山泉煎茶有怀》诗中写道：坐酌泠泠水，看煎瑟瑟尘。无由持一碗，寄与爱茶人。

诗人手端着一碗茶无须什么理由，只是将这份情感寄予爱茶的人。

从《食后》的“食罢一觉睡，起来两瓯茶”，到《何处堪避暑》中的“游罢睡一觉，觉来茶一瓯”，直至《闲眠》的“尽日一餐茶两碗，更无所要到明朝”，可见，茶已经成了白居易生活中第一需要，醒后饮茶似乎成了白居易的一种生活习惯。

辟园植茶，悠游山林。元和十年（815 年），白居易因直言被贬江州司马。他来到浔阳江边，听到江上传来琵琶声，听到商人妇人凄凉的身世，与同是天涯沦落人的自己命运相同，遂写下了有名的《琵琶行》。次年，他游庐山香炉峰，见到香炉峰下云水泉石，绝胜第一，爱不能舍，于是盖了一座草堂。后来更在香炉峰的遗爱寺附近，开辟一圃茶园，悠游山林之间，与野鹿林鹤为伴，品饮清凉山泉，并写下了《香炉峰下新卜山居草堂初成偶题东壁》：“长松树下小溪头，斑鹿胎巾白布裘。药圃茶园为产业，野鹿林鹤是交游。云生涧户衣裳润，岚隐山厨火竹幽。最爱一泉新引得，清冷屈曲绕阶流。”真可谓真是人生至乐。

乐天知命，禅茶一味。贬江州以来，官途坎坷，心灵困苦，为求精神解脱，白居易开始接触老庄思想与佛法，并与僧人往来，所谓禅茶一味，信佛自然与茶更是离不开的。“或吟诗一章，或饮茶一瓯；身心无一系，浩浩如虚舟。富贵亦有苦，苦在心危忧；贫贱亦有乐，乐在身自由。”白居易吟诗品茶，与世无争，忘怀得失，修行到了达观超脱、乐天知命的境界。

酒茶老琴，相伴以终。白居易晚年，唐室国祚日衰，乱寇时起，白居易已无意仕途，遂告老辞官。辞官后，隐居洛阳香山寺，每天与香山僧人往来，自号香山居士。“琴里知闻唯渌水，茶中故旧是蒙山，穷通行止长相伴，谁道吾今无往还。”① “软褥短屏风，昏昏醉卧翁。鼻香茶熟后，腰暖日阳中。伴老琴长在，迎春酒不空。可怜闲气味，唯欠与君同。”② 暮年之际，茶、酒、老琴依然是与诗人长相左右的莫逆知己，唐武宗会昌六年（846 年），白居易与世长辞。

欧阳修“双井茶缘”

欧阳修（1007—1072 年），字永叔，号醉翁，晚号六一居士，吉州永丰（今江西省永丰县）人。北宋政治家、文学家，是唐宋八大家之一。

欧阳修一生嗜茶，其诗句“吾年向老世味薄，所好未衰唯饮茶”，述说了他一生饮茶的癖好，到老亦未有衰减。欧阳修是一个非常爱茶的人，他对茶，不仅要讲究其色、香、味，还对茶叶的采摘、烘焙、碾压、收藏以及制茶的茶器、品茶的茶具等十分考究。欧阳修为后世留下了许多茶事诗文，除了多首咏茶诗作外，

① 出自《琴茶》。
② 出自《闲卧寄刘同州》。

还为蔡襄《茶录》写了后序。景祐三年（1036年），欧阳修受范仲淹的牵连，被贬夷陵作县令，欧阳修为新建的寓居“至喜堂”作《夷陵县至喜堂记》写道：“夷陵风俗朴野，少盗争，而令之日食有稻与鱼，又有桔、柚、茶、笋四时之味，江山秀美，而邑居缮完，无不可爱。”足见他对茶的喜爱。

欧阳修与诗人梅尧臣相交深厚，两人皆爱品茶，经常在一起品茗赋诗，互相对答，交流品茗感受。一次在品茶新茶之后，欧阳修赋诗《尝新茶呈圣喻》，寄予梅尧臣，诗中赞美建安龙凤团茶：“建安三千五百里，京师三月尝新茶。年穷腊尽春欲动，蛰雷未起驱龙蛇。夜间击鼓满山谷，千人助叫声喊呀。万木寒凝睡不醒，唯有此树先萌发。”诗中对烹茶、品茶的器具、人物也有讲究：“鞍泉甘器洁天色好，坐中拣择客亦嘉。”可见欧阳修认为品茶需水甘、器洁、天气好以及共同品茶的客人也要投缘，再加上新茶，才可达到品茶的高境界。梅尧臣在回应欧阳修的诗中称赞他对茶品的鉴赏力：“欧阳翰林最识别，品第高下无欹斜。”

除了品茶、写诗茶外，欧阳修还深入研究茶学。继唐代陆羽的《茶经》和张又新的《煎茶水记》后，欧阳修写了《大明水记》，对泡茶用水进行系统论述。不认同张又新在《煎茶水记》中将水分为二十等的做法，他以为水味尽管有“美恶”之分，但把天下之水一一排出次第，这无疑是“妄说”。

欧阳修尤其喜欢产于洪州分宁（今江西省修水县）的双井茶，对双井茶推崇备至，在《寄题沙溪宝锡院》诗中写道：“为爱江西物物佳，作诗尝向北人夸。”

欧阳修作有《双井茶》诗赞美双井茶，“西江水清江石老，石上生茶如凤爪。穷腊不寒春气早，双井芽生先百草。白毛囊以红碧纱，十斤茶养一两芽。长安富贵五侯家，一啜尤须三日夸。宝云日铸非不精，争新弃旧世人情。岂知君子有常德，至宝不随时变易。君不见建溪龙凤团，不改旧时香味色。”诗中，详尽述及了双井茶的品质特点以及茶与人品的关系，认为双井茶可与产于杭州西湖宝云山下的宝云茶和产于绍兴日铸岭的日铸茶相媲美。双井茶须“十斤茶养一两芽”，当然品质绝佳，如此好茶“一啜尤须三日夸”。同时，欧阳修借咏茗以喻人，抒发感慨。对人间冷暖、世情易变做了含蓄的讽喻，他从茶的品质联想到世态人情，批评那种“争新弃旧”的世俗之徒，阐明君子应以节操自励，即使犹如被“争新弃旧”的世人淡忘了“建溪”佳茗，但其香气犹存、本色未易，仍不改平生素志。一首茶诗，除给人以若许茶品知识外，又论及了处世做人的哲理，给人以启迪。

宋英宗治平三年（1067年），欧阳修与韩琦同罢，出知亳州，作《归田录序》。在《归田录序》里，欧阳修谈到双井茶，并称赞双井茶为“草茶第一”：“腊茶出于福建，草茶盛于两浙，两浙之品，日注第一。自景祐以后，洪州双井白芽渐盛，近岁制作尤精，囊以红纱，不过一、二两，以常茶十数斤养之，用辟暑湿之气，其品远出日注上，遂为草茶第一。”双井茶之所以能“名震京师”，与欧阳公的颂赞不无关系。

苏轼的茶味人生

苏轼（1037—1101年），字子瞻，号东坡居士，眉山（今四川眉山市）人，宋代杰出的文学家、书法家，对品茶、烹茶、茶史等都有较深的研究，在他的诗文中，有许多脍炙人口的咏茶佳作，流传下来。

苏轼十分嗜茶。茶，助诗思，战睡魔，是他生活中不可或缺

之物。元丰元年（1078年）苏轼任徐州太守。这年春旱，入夏得喜雨，苏轼去城东二十里的石潭谢神降雨，作《浣溪沙》五首纪行。词云："酒困路长睢欲睡，日高人渴漫思茶，敲门试问野人家。"形象地记述了他讨茶解渴的情景。

他夜晚办事要喝茶"簿书鞭扑昼填委，煮茗烧栗宜宵征"（《次韵僧潜见赠》）；创作诗文要喝茶"皓色生瓯面，堪称雪见羞；东坡调诗腹，今夜睡应休"（《赠包静安先生茶二首》）；睡前睡起也要喝茶"沐罢巾冠快晚凉，睡余齿颊带茶香"（《留别金山宝觉圆通二长老》），"春浓睡足午窗明，想见新茶如泼乳"（《越州张中舍寿乐堂》）。

更有一首《水调歌头》，记咏了采茶、制茶、点茶、品茶，绘声绘色，情趣盎然。词云："已过几番雨，前夜一声雷。旗枪争战建溪，春色占先魁。采取枝头雀舌，带露和烟捣碎，结就紫云堆。轻动黄金碾，飞起绿尘埃。老龙团，真凤髓，点将来。兔毫盏里，霎时滋味舌头回。唤醒青州从事，战退睡魔百万，梦不到阳台。两腋清风起，我欲上蓬莱。"

长期的地方官和贬谪生活，使苏轼足迹遍及各地，从峨眉之巅到钱塘之滨，从宋辽边境到岭南、海南，为他品尝各地的名茶提供了机会。诚如他在《和钱安道寄惠建茶》诗中所云："我官于南今几时，尝尽溪茶与山茗。"其中："白云峰下两旗新，腻绿长鲜谷雨春"，是杭州所产的"白云茶"；"千金买断顾渚春，似与越人降日注"，是湖州产的"顾渚紫笋茶"和绍兴产的"日铸雪芽"；"未办报君青玉案，建溪新饼截云腴"，这种似云腴美的"新饼"产自南剑州（今福建南平）；"浮石已干霜后水，焦坑闲试雨前茶"，这谷雨前的"焦坑茶"产自粤赣边的大庾岭庾下；还有四川涪州（今彭水）的月兔茶、江西分宁（今修水）的双井茶、湖北兴国（今阳新）的桃花茶等。苏轼爱茶至深，在《次韵曹辅寄壑源试焙新茶》诗里，将茶比作“佳人”。诗云：“仙山灵草湿行云，洗遍香肌粉末匀。明月来投玉川子，清风吹破武林春。要知冰雪心肠好，不是膏油首面新。戏作小诗君勿笑，从来佳茗似佳人。”

苏轼对烹茶十分精到，认为好茶必须配以好水。熙宁五年任杭州通判时，有《求焦千之惠山泉诗》：“故人怜我病，蒻笼寄新馥。欠伸北窗下，昼睡美方熟。精品厌凡泉，愿子致一斛。”苏轼以诗向当时知无锡的焦千之索惠山泉水。另一首《汲江煎茶》云：“活水还须活火烹，自临钓石取深清。”诗人烹茶的水，还是亲自在钓石边从深处汲来的，并用活火（有焰方炽的炭火）煮沸的。南宋胡仔赞叹《汲江煎茶》诗说：“此诗奇甚，道尽烹茶之要。”烹茶之劳，诗人又常常亲自操作，不放心托付于僮仆：“磨成不敢付僮仆，自看雪汤生几珠”（《鲁直以诗馈双井茶次韵为谢》）。苏轼对烹茶煮水时的水温掌握十分讲究，不能有些许差池。他在《试院煎茶》诗中说：“蟹眼已过鱼眼生，飕飕欲作松风鸣。蒙茸出磨细珠落，眩转绕瓯飞雪轻。银瓶泻汤夸第二，未识古人煎水意。君不见，昔时李生好客手自煎，贵从活火发新泉。”他的经验是煮水以初沸时泛起如蟹眼鱼目状小气泡，发出似松涛之声时为适度，最能发新泉引茶香。煮沸过度则谓“老”，失去鲜馥。所以，煮时须静候水的消息，宋人曾有“候汤最难”之说。

苏轼亲自栽种过茶。贬谪黄州时，他经济拮据，生活困顿；黄州一位书生马正卿替他向官府请来一块荒地，他亲自耕种，以地上收获稍济“因匮”和“乏食”之急。在这块取名“东坡”的荒地上，他种了茶树。《问大冶长老乞桃花茶栽东坡》云：“磋我五亩园，桑麦苦蒙翳。不令寸地闲，更乞茶子蓺。”在另一首《种

茶》诗中说："松间旅生茶，已与松俱瘦……移栽白鹤岭，土软春雨后。弥旬得连阴，似许晚遂茂。"是说茶种在松树间，生长瘦小但不易衰老，移植于土壤肥沃的白鹤岭，连日春雨滋润，便恢复生长，枝繁叶茂。

苏轼深知茶的功用。熙宁六年（1073年）任杭州通判时，一日，以病告假，独游湖上净慈、南屏、惠昭、小昭庆诸寺，是晚又到孤山去谒惠勤禅师。这天他先后品饮了七碗茶，颇觉身轻体爽，病已不治而愈，便作诗一首《游诸佛舍，一日饮酽茶七盏，戏书勤师壁》："示病维摩元不病，在家灵运已忘家。何须魏帝一丸药，且尽卢仝七碗茶。"苏轼认为，卢仝的"七碗茶"更神于这"一丸药"。在诗作中，苏轼还多次提到茶能洗"瘴气"："若将西庵茶，劝我洗江瘴""同烹贡茗雪，一洗瘴茅秋"。

苏轼借咏茶来抒发人生感慨。长达120句的《寄周安孺茶》，先是记述了宋以前的茶文化历史："大哉天宇内，植物知几族。灵品独标奇，迥超凡草木。名从姬旦始，渐播桐君录。赋咏谁最先？厥传唯杜育。唐人未知好，论著始于陆。常李亦清流，当年慕高躅。遂使天下士，嗜此偶于俗。岂但中土珍，兼之异邦鬻。鹿门有佳士，博览无不瞩。邂逅天随翁，篇章互赓续。开园颐山下，屏迹松江曲。有兴即挥毫，灿然存简牍……"继而边咏边叹："乳瓯十分满，人世真局促"。名茶既能给人充分的享受"清风击两腋，去欲凌鹄""意爽飘欲仙，头轻快如沐"，又不免悲叹名茶辱没"团风与葵花，碔砆杂鱼目""未数日注卑，定知双井辱"。

在《和钱安道寄惠建茶》诗里，苏轼用历史人物的性格来比拟不同的茶味："雪花雨脚何足道，啜过始知真味永。纵复苦硬终可录，汲黯少戆宽饶猛。草茶无赖空有名，高者妖邪次顽懭。体轻虽复强浮沉，性滞偏工呕酸冷。其间绝品岂不佳，张禹纵贤非骨鲠。”借茶味而褒扬“戆”“猛”之士，贬斥“妖”“顽”之辈。诗最后云：“收藏爱惜待佳客，不敢包裹钻权幸。此诗有味君勿传，空使时人怒生瘿。”讥之以好茶钻营权门的小人。

“分宁一茶客”黄庭坚

黄庭坚（1045—1105年），字鲁直，号山谷道人，又号涪翁，洪州分宁（今江西省修水县）人，宋代杰出的诗人和书法家。

黄庭坚对茶情有独钟。黄庭坚自幼生活在茶乡（江西分宁，今修水），在茶香的熏陶下成长，与茶有着解不开割不断的缘分。一方面，黄庭坚以嗜茶而闻名，有“分宁一茶客”之称，他不仅善品茶，而且爱咏茶。王士祯说：“黄集咏茶最多，最工。”有关茶的诗词，他写了50多首，其中诗40多首，词10首。另一方面，是当时生活条件允许，从他50多首有关茶的诗词来看，多数写于馆阁时期。他的《次韵答邢惇夫》写道：“雨作枕簟秋，官闲省中睡。梦不到汉东，茗椀乃为祟。”“官闲”正是有茶可饮的优裕条件。此时，黄庭坚常与苏轼兄弟、晁补之、张恂、邢惇夫等饮茶晤聚，诗词唱酬，生活颇为快意，留下了不少咏茶诗词。黄庭坚在《品令·茶词》中描绘了碾茶、煎茶和品茶体验：“凤舞团团饼，恨分破、教孤令。金渠体净，只轮慢碾，玉尘光莹。汤响松风，早减了二分酒病。味浓香永，醉乡路，成佳境。恰如灯下，故人万里，归来对影。口不能言，心下快活自省。”

文彦博与黄庭坚皆是好茶之人，而文彦博曾于蛪源采茶，送给黄庭坚，黄庭坚受其知遇，常与其交游品茶。黄庭坚于此品茶有感，写下《满庭芳·茶》：“北苑春风，方圭圆壁，万里名动京关。碎身粉骨、功合上凌烟。尊俎风流战胜，降春睡、开拓愁边。

纤纤捧，研膏浅乳，金缕鹧鸪斑。相如虽病渴，一觞一咏，宾有群贤。为扶起灯前，醉玉颓山。搜搅胸中万卷，还倾动、三峡词源。归来晚，文君未寝，相对小窗前。”词的上阕极言茶之风神，下阕写邀朋呼友集茶盛会。这首词虽题为咏茶，却通篇不着一个茶字，翻转于名物之中，出入于典故之间，不即不离，愈出愈奇。

黄庭坚认为，闲适惬意的生活中不能没有茶。饮茶读书，无官场之系累，闲适惬意，自由自在，乐趣无穷，未尝不是一种享受。所以，黄庭坚在《送王郎》中劝慰王纯实：“有弟有弟力持家，妇能养姑供珍鲑。儿大诗书女丝麻，公但读书煮春茶。”因为，王纯实此时没有出仕，闲居在家中，所以黄庭坚劝慰他说，你弟能替你管理家务，妻子能烹制美食孝敬婆婆，儿子能读诗书，女儿能织丝麻，家中无内顾之忧，可以好好煎茶读书，安居自适。

茶是黄庭坚与朋友往来、联络真挚深厚友谊的纽带。不过，黄庭坚在赠送双井茶时，经常会附上一首茶诗，而收到茶叶的师友一般也会和诗表示感谢。这一唱一和之间，不仅增强了彼此之间的友谊，也提升了双井茶的知名度。元祐二年（1087 年），黄庭坚在史局，家乡的亲人给他捎来了一些上好的双井茶，他便分赠一些给师友苏轼，并附上《双井茶送子瞻》这首意味深长的诗：“人间风日不到处，天上玉堂森宝书。想见东坡旧居士，挥毫百斛泻明珠。我家江南摘云腴，落硙霏霏雪不如。为公唤起黄州梦，独载扁舟向五湖。”

茶作为联结朋友之间真挚深厚友谊的纽带，必须建立在一定感情基础之上，黄庭坚的诗《以小龙团及半挺赠无咎并诗用前韵》表达了对师弟晁补之的深厚情意和无微不至的关怀：“我持玄圭与苍璧，以暗投人渠不识。城南穷巷有佳人，不索宾郎常晏食。赤铜茗椀雨斑斑，银粟翎光解破颜。上有龙文下棋局，探囊赠君诺已宿。此物已是元丰春，先皇圣功调玉烛。晁子胸中开典礼，平生自期莘与渭。故用浇君磊隗胸，莫令鬓毛雪相似。曲几团蒲听煮汤，煎成车声绕羊肠。鸡苏胡麻留渴羌，不应乱我官焙香。肥如瓠壶鼻雷吼，幸君饮此勿饮酒。”

以茶作为联结朋友之间真挚友谊纽带，以晤聚饮茶来表达对朋友的思念和向往之情，在黄庭坚诗词中较为常见，并构成其主要生活内容和作品思想内容之一。如《以双井茶送孔常父》：“校经同省并门居，无日不闻公读书。故持茗椀浇舌本，要听六经如贯珠。心知韵胜舌知腴，何似宝云与真如。汤饼作魔应午寝，慰公渴梦吞江湖”。《次韵子由绩溪病起被召寄王定国》中的“何时及国门，休暇过煮茗”。《次韵张仲谋过酺池寺斋》中写道：“何时来煮饼，蟹眼试官茶。”《赠郑交》中的“开径老禅来煮茗，还寻密竹迳中归”。从黄庭坚的诗词中可知，黄庭坚与孔仲武、王巩、张询、郑交等交往密切，感情真挚，经常有诗唱和，茶酒互赠。

茶也是黄庭坚创作灵感的触媒，诗词中谈到饮茶与创作关系的不少。“睡魔正仰茶料理，急遣溪童碾玉尘。”① 饮茶具有清神醒脑、驱抑睡意的作用，能触发他创作的灵感。黄庭坚在不少诗词中记下了创作甘苦的切肤体验。如《碾建溪第一奉邀徐天隐奉议并效建除体》中所言：“建溪有灵草，能蜕诗人骨。除草开三径，为君碾玄月。满瓯泛春风，诗味生牙舌。平斗量珠玉，以救风雅渴。”诗中揭示了饮茶与创作的重要关系，饮茶能使诗人洗尽凡俗，净化诗思，触发灵感，泉思如涌，字字珠玑，从而写出诗味隽永的佳作来。

黄庭坚还在《次韵杨君全送酒》中写道：“扶衰却老世无方，

① 摘自《催公静碾茶》。

唯有君家酒未尝。秋入园林花老眼，茗搜文字响枯肠。醉头夜雨排檐滴，杯面春风绕鼻香。不待澄清遣分送，定知佳客对空觞。”黄庭坚自感衰老，却苦于找不到“扶衰却老”的药方而叹息，精力不济，又不愿废弃诗篇，只好大量饮茶来提神驱睡，刻苦构思。

古代茶学家蔡襄

蔡襄（1012—1067 年），字君谟，兴化仙游（今属福建）人，宋代著名书法家，与苏轼、黄庭坚、米芾齐名，并称“宋四家”。蔡襄精于品茗、鉴茶，是一位嗜茶如命的茶学家。

蔡襄对茶史的贡献，一是创制了“小龙凤团茶”，这是蔡襄在茶叶采造上的一个创举，当时赞美之声不绝。《苕溪渔隐丛话》指出，北苑茶大小龙团“起于丁谓，而成于蔡君谟”。庆历年间，蔡襄为福建转运使，把北苑茶业发展到新的高峰。他从改造北苑茶品质花色入手，求质求形。在外形上改大团茶为小团茶，品质上采用鲜嫩茶芽做原料，并改进制作工艺。为此，欧阳修《归田录（卷二）》有云：“茶之品莫贵于龙凤，谓之团茶。凡八饼重一斤。庆历中蔡君谟为福建转运使，始造小片龙茶以进，其品绝精，谓之小团。凡二十饼重一斤，其价值金二两。”欧阳修对蔡襄制作贡茶有非议，但他不得不承认蔡襄制作茶业的工艺之精。

蔡襄对茶史的另一贡献是撰写了《茶录》。《茶录》虽仅千言，却是中国茶学著作的一部重要经典。全文分上、下两篇，上篇论茶，下篇论茶器。上篇论茶的色、香、味、藏茶、炙茶、碾茶、罗茶、候汤、盏、点茶，下篇论茶焙、茶笼、砧椎、茶铃、茶碾、茶罗、茶盏、茶匙、汤瓶，对炙茶用具和烹茶用具的选择有独到的见解。《茶录》最早记述了制作小龙团掺入香料的情况，并写出了斗茶的全过程，每个操作环节都列出了相应的器具，构成了一个完整的体系。所以在我国古代众多的茶书之中，《茶录》是继续陆羽的《茶经》之后最有影响力的茶书。

同时，《茶录》还是一本审评、选配茶器（茶具）和品饮斗试龙团茶的指南书。弥补了陆羽和丁谓茶专著的不足，从建安人选用什么茶参加朝廷斗试、采用什么茶具、怎样进行朝廷斗试等入手，进一步介绍了建茶和茶盏。《茶录》还制订了烹瀹斗试龙团茶饼的规范和斗茶胜负的评定标准。

斗茶源于唐代的建安（今建瓯），"建人谓斗茶为茗战"，即将优质茶叶碾末、调膏、点击（冲水击拂），使茶汤出现泡沫，即汤花。兔毫盏里汤花持久不退者为佳，而后连同汤花、茶水、洪末一起饮下，回味无穷。蔡襄喜爱斗茶、精于斗茶，是高超斗手。北宋江休复《嘉祐杂志》中记载："苏才翁尝与蔡君谟斗茶，蔡茶精，用惠山泉；苏茶劣，改用竹沥水煎，遂能取胜"。明代许次纾《茶疏》中记载："蔡君谟诸公，皆精于茶理，居恒斗茶……"蔡襄一生独自烹茶或与人斗茶，互赠名茶名水不计其数，并写下了许多涉茶诗文。皇祐四年（1052 年）春，蔡襄得到建溪名茶，便想起退休后的恩相杜衍，并把茶转赠给他，杜感谢而赠诗，蔡作《和杜相公谢寄茶》奉和："破春龙焙走新茶，尽是西溪近社芽。才拆缄封思退傅，为留甘旨减藏家。鲜明香色凝去液，清澈神情敌露华。却笑虚名陆鸿渐，曾无贤相作诗夸。"蔡襄的赠答茶诗又如《答葛公绰》："山堂争似草堂清，俗事随人百种名。赖有四窗春茗在，瓯中时看白云生。"诗句表明点品饮时常常细心观看瓯中随着击拂而产生的白云般细腻汤花，真有如"眩转绕瓯飞轻雪"的感觉。

蔡襄还善于茶的鉴别，他神鉴建安名茶石岩白，一直为茶界

传为美谈。彭乘《墨客挥犀》记："建安能仁院有茶生石缝间，寺僧采造，得茶八饼，号石岩白，以四饼遗君谟，以四饼遣人走京师，遗内翰禹玉。岁馀，君谟被召还阙，访禹玉。禹玉命子弟于茶筒中选取茶之精品者，碾待君谟。君谟奉瓯未尝，辄曰：'此茶极似能仁石岩白，公何从得知？'禹玉未信，索贴验之，乃服。"

王安石与宜黄白茶

王安石（1021—1086年），字介甫，号半山，抚州临川人。北宋政治家、文学家、思想家。

北宋时期，茶风鼎盛，空前绝后。王安石在其著作中记载："夫茶之为民用，等于米盐，不可一日以无"。王安石喜欢喝茶，尤其喜欢喝白茶。但是，对于王安石的品茶水准，有两个截然不同的说法。一种说法是王安石是一个不懂茶道、不善品茶的人。另一种说法是王安石是一位茶艺精通的人，尤其品水评水的水平是一般茶人所望尘莫及的。

民间还流传着一个王安石与宜黄白茶的故事。少年时代的王安石也和其他小孩一样贪玩、顽皮。13岁那年，王安石从临川来到宜黄姑姑家，并拜宜黄饱学隐儒杜子野先生为师，在县城西郊仙洞古寺的读书堂求学。因为王安石实在太调皮，杜子野对他的管教颇为烦恼，并苦苦思索如何管教好王安石，改一改他的顽劣个性，让他安心求学，考取功名。所谓日有所思，夜有所梦。一天夜里，杜子野梦到观音菩萨，观音菩萨对杜子野说："王安石是将相之才，你要好好调教。小孩好动、调皮是因为水土不服，火气太旺所致。我教你一法，可药到病除。曹山寺主持本寂禅师种了一株白茶树，如今白茶树已经长成参天大树，你去采摘些新鲜叶子，制作成茶叶，每日早上让王安石喝上一杯，能清新明目，去其虚火，方能安静读书。”

第二天一大早醒来，杜子野立即来到附近的曹山寺采摘白茶树叶，并按照观音菩萨所说，熬制成茶汤，每天给王安石喝。不想，一个月后，王安石竟性情大变，身上的顽劣个性不见了，比以前安静多了，学习也更用功了。很快，王安石成绩大有长进，再后来，王安石一门心思扑在读书上，日日闻鸡起舞，挑灯夜读。杜子野看在眼里，满心欢喜，心想，如此上进，他日必成大器。

有一天，王安石读书通宵达旦，直到旭日临窗，桌上依然一灯如豆，因为读书入迷，竟把值日煮饭之事忘得一干二净。当先生前来查问时，王安石才反应过来，急忙跑到山下村里去借火。当他取火回洞后，先生又气又笑地说：“你怎么会去舍近求远，难道桌上读书的灯不能点火？”并罚他以“误炊”为题，赋五绝诗一首。王安石略加思索应声吟诵：“苦读天已晓，日高竟忘饥。早知灯是火，饭熟几多时。”

这个故事流传了下来，而王安石当年面壁苦读的这个石窟，从北宋至今一直被人称为王安石读书堂。如今，在石窟内壁上，还可以看到“读书堂”三个大字，读书堂旁还有杜子野和王安石曾经洗笔砚用过的洗墨池。如今，当地百姓为纪念这对师生，又新建了介甫亭、子野亭。

赵佶《大观茶论》

赵佶（1082—1135 年），宋徽宗，神宗赵顼第十一子，元符三年（1100 年）即位。赵佶工书画，通百艺，在音乐、绘画、书法、诗词等方面都有较高的修养，精于茶事，擅长茶艺，写有

《茶论》一篇，人称《大观茶论》，是一部由皇帝御写的茶书，是宋代茶书的代表作之一。

《大观茶论》包括序以及地产、天时、采择、蒸压、制造、鉴辨、白茶、罗碾、盏、筅、瓶、杓、水、点、味、香、色、藏焙、品名和外焙二十目。从茶叶的栽培、采制到烹点、鉴品，从烹茶的水、具、火到色、香、味，以及点茶之法、藏焙之要，无所不及，都一一做了记述，有的至今尚有借鉴和研究价值。

《大观茶论》较为全面、细致地介绍了茶叶的栽种技术，采摘、蒸压、炒制方法，各种名茶的辨别特点，烹煎茶汤的方法，茶叶的储存，以及饮茶陶冶性情的体验等 20 项。还介绍了宋代时的贡茶和由此引发的“斗茶”活动，可以称得上是宋代茶文化的总结，也反映了宋代茶文化兴盛的景象。

赵佶精于茶事，擅长茶艺，亲自烹茗调茶。蔡京在《延福宫曲宴记》中记载说：宣和二年（1120 年），徽宗延臣赐宴，表演分茶之事。徽宗先令近侍取来釉色青黑、饰有银光细纹状如兔毫的建窑贡瓷“兔毫盏”，然后亲自注汤击拂。一会儿，汤花浮于盏面，呈疏星淡月之状，极富清丽之韵。接着，徽宗非常得意地分给诸臣，对他们说：“这是我亲手施予的茶。”诸臣接过御茶品饮，一一顿首谢恩。在赵佶眼里，烹茶显艺是十分高尚的，与其皇帝之尊严并无妨碍。

赵佶认为白茶是茶中之精品，是特异的品种。他说：“白茶自为一种，与常茶不同。其条敷阐，其叶莹薄。崖林之间偶然生出，盖非人力所可致。”这似乎也在表明，只有皇帝能够独享这种天地间偶然生出的白茶，是属于天地精英的聚萃，即使不是绝无仅有，也是稀罕难得。赵佶亲自引导福建北苑官焙茶园开发了数十种贡茶新品种，在皇宫里设立专门的楼阁储藏好茶。《宣和北苑贡茶录》有记载："盖茶之妙，至胜雪极矣，故合为首冠。然犹在白茶之次者，以白茶上之所好也"。因为赵佶对白茶的评价甚高，使得当时被公认为茶中第一的"胜雪"都不得不屈居其后，白茶也因此为人们所看重。

赵佶十分擅长分茶与斗茶，蔡京《延福宫曲宴记》里曾详细记述了赵佶的分茶之艺。当时，制茶之艺日精，斗茶之风日盛，分茶之戏日巧。北宋陶縠《荈茗录》记载说："近世有下汤运匕，别施妙诀，使汤纹水脉成物象者，禽兽虫鱼花草之属，纤巧如画，但须臾即就散灭。此茶之变也，时人谓'茶百戏'。"斗茶又称"茗战"，是一种品评茶叶的活动，以盏面水痕先现者为负、耐久者为胜。皇帝嗜茶，群臣必投其所好、趋之若鹜。他自己常常与群臣一起斗茶，而且不斗赢誓不罢休。

当时，为了便于在"斗茶"和"分茶"中观赏茶面上的白沫变化，斗试者们对茶具选择更加讲究，普遍用黑釉器。这样，以黑衬白，当然最为适宜。宋徽宗对茶具的选择也很在行，在《茶论》中说："盏色贵青黑，玉毫条达者为上。"他推崇的这种茶盏，外饰细长的条状纹，条纹在黑釉的陪衬下闪烁出银光，状如兔毫，故而又称作"兔毫盏"。

赵佶对饮茶的用水十分讲究，在《大观茶论》中，他提出宜茶水品"以清轻甘洁为美"的观点。在中国饮茶史上，曾有"得佳茗不易，觅美泉尤难"之说，单纯茶好还不能体现出茶的美妙处，只有"清轻甘洁"的水，才能显现出茶的美来。因此，很多爱茶的人为觅得一泓美泉，着实花费过一番工夫。

陆游茶诗续《茶经》

陆游（1125—1210年），字务观，号放翁，越州山阴（今浙江绍兴）人，南宋著名的爱国诗人，亦是嗜茶诗人。

陆游出生在著名的茶乡越州山阴，一生对茶深有感悟，曾录过3年茶官，晚年又归隐茶乡。自称“六十年间万首诗”，而涉及茶事诗词达320首之多，绝大部分是与建茶有关，是历代写茶事诗词最多的诗人。

陆游的共诗与一般咏赞茶事之作不同，陆游多次在诗中提到续写《茶经》的意愿，比如“遥遥桑苎家风在，重补《茶经》又一篇”“汗青未绝《茶经》笔”等。但是，陆游并未续写《茶经》，而细读他的大量茶诗，那意韵分明就是《茶经》的续篇，既叙述了天下各种名茶和土茶，又记载了宋代特有的茶艺；既论述了茶的功用，又表达了诗人对饮茶清韵多方面的追求。

陆游曾出仕福州，调任镇江。后来又入川赴赣，辗转各地，使他得以有机会遍尝各地名茶，品香味甘之余，便裁剪熔铸入诗。如“饭囊酒瓮纷纷是，谁赏蒙山紫笋香”，讲的是人间第一的四川蒙山紫笋茶；“遥想解酲须底物，隆兴第一壑源春”，写的是福建隆兴的“壑源春”；“焚香细读斜川集，候火亲烹顾渚春”，说的是浙江长兴顾渚茶；“嫩白半瓯尝日铸，硬黄一卷学兰亭”，写的是绍兴的贡茶日铸茶；“春残犹看小城花，雪里来尝北苑茶”，说的也是贡茶北苑茶；“建溪官茶天下绝，香味欲全试小雪”，写的是另一个贡茶福建建溪茶。当然，陆游还尝过许多民间草茶，如“峡人住多楚人少，土垱争响茱萸茶”，说的是湖北的茱萸茶；“寒泉自换菖蒲水，活水闲煎橄榄茶”，写的是浙江的橄榄茶；“何时一饱与子同，更煎土茗浮甘菊”，品的是四川的菊花土茗。这些诗作大大丰富了中国历史名茶的记载，且多为《茶经》所不载。

陆游的茶诗，还进一步阐述了茶的功效。“手碾新茶破睡昏”“毫盏雪涛驱滞思”，说的是茶有提神驱滞破睡之功；“诗情森欲动，茶鼎煎正熟”“香浮鼻观煎茶熟，喜动眉间炼句成”，写的是茶能启动文思，煎茶品茗之时，常是诗句炼成之际；“遥想解酲须底物，隆兴第一壑源春”，道的是茶能解宿酒之功能；“焚香细读斜川集，候火亲烹顾渚春”，写的是茶适宜伴读书，一边煮泉品茗，一边吟炼诗句；“眼明身健可妨老，饭白茶甘不觉贫”，说的是甘茶可以涤尽人间烦恼，可以健身防老。

陆游爱国也爱茶，常借茶抒发爱国之情。在《效蜀人煎茶戏作长句》诗中，借茶发挥，抨击当权者不能举贤荐能，以致国土沦丧。最后两句“饭囊酒瓮纷纷是，谁赏蒙山紫笋香”，说的是一批饭囊酒瓮连蒙山紫笋名茶的香味也不会赏识，又怎么能治理国家大事？同时，烹茶也能排遣诗人为国担忧的焦虑，正如《病告中遇风雪作长歌排闷》写道：“石鼎闲烹似爪茶，霜皱旋破如拳栗。蹲鸱足火微点盐，罂粟熬汤旋添蜜。”

陆游深谙茶的烹饮之道，常常身体力行，以自己动手为乐事。“归来何事添幽致，小灶灯前自煮茶”，正是诗人以茶俭约自持、淡泊自奉情怀的吐露。诗里有许多饮茶之道，如“囊中日铸传天下，不是名泉不合尝”“汲泉煮日铸，舌本方味永”。好茶还须好水来烹煮，陆游在《雪后煎茶》诗中写道：“雪液清甘涨井泉，自携茶灶就烹煎。一毫无复关心事，不枉人间住百年。”陆游精于分茶游戏，经常与儿子一起玩赏。“世味年来薄似纱，谁令骑马客京华？小楼一夜听春雨，深巷明朝卖杏花。矮纸斜行闲作草，晴窗细乳戏分茶。素衣莫起风尘叹，犹及清明可到家。”道出了分茶时须有的好天气、好心境。

朱熹以茶喻学

朱熹（1130—1200年），字元晦，又字仲晦，号晦翁，别号紫阳，晚年自称“茶仙”，宋代徽州婺源（今江西省婺源县）人，宋朝著名的理学家、思想家、哲学家、教育家、诗人，闽学派的代表人物，儒学集大成者，世尊称为朱子。

朱熹与茶结缘可以说是家传。朱熹父亲嗜茶成癖，虽然没有留下遗产，却教会了他饮茶。建炎四年（1130年）9月15日，朱熹出生于南剑州尤溪（今福建省尤溪县），其父亲在他出生的第三天，就用茶水行“三朝”洗儿之礼，可见朱熹从诞生之日起便与茶有缘。朱熹一生清贫，粗茶淡饭，崇尚俭朴，奉行“茶取养生，衣取蔽体，食取充饥，居止足以障风雨，从不奢侈铺张”的生活准则，过着“客来莫嫌茶当酒”的清淡俭朴生活。朱熹常在巨石上设茶宴，斗茶吟咏，以茶会友。他在《武夷精舍杂咏》中有《茶灶》诗：“仙翁遗石灶，宛在水中央。饮罢方舟去，茶烟袅细香。”朱熹在回江西婺源祖籍老家扫墓时，不忘把武夷岩茶苗带回去，在祖居庭院植十余株，还把老屋更名为“茶院”。他用随身带去的武夷茶叶招待家乡父老，广为介绍其栽培和焙烤的方法。

乾道六年（1171年），41岁的朱熹在自己非常喜欢的崇阳交界处，修筑了“晦庵”草堂。即便是每日忙于著书授道，朱熹还是在草堂之岭北培植了百余株茶树，以“茶坂”名之。并时常携篓去茶园采茶，并引之为乐事。他还赋诗《茶坂》云：“携籯北岭西，采撷供茗饮，一啜夜心寒，跏趺谢衾影。”年轻时痛失茶友圆悟大师的朱熹，显然在云谷山麓的休庵找到了新的茶友，他在写给休庵住持的《题休庵》中道：“别岭有休庐，林峦亦幽绝，无事一往来，茶瓜不须投。”意思是极其珍贵的茶茗是不能用来相互赠送的，只可共同品饮，才能以之为趣。淳熙五年（1178年）朱熹在参加其表兄邱子野的家茶宴时，即席赋诗曰："茗饮瀹甘寒，抖擞神气增，顿觉尘虑空，豁然悦心目。"朱熹在武夷山兴建武夷精舍，授徒讲学，聚友著作，斗茶品茗，以茶促人，以茶论道。他的《咏武夷茶》令武夷茶名声大振，也一直流传至今，诗曰："武夷高处是蓬莱，采取灵芽手自栽。地僻芳菲镇长在，谷寒彩蝶未全来。红裳似欲留人醉，锦幛何妨为客开。咀罢醒心何处所，近山重叠翠成堆。"

自生至死，朱熹始终与茶不舍不弃、生死相系。由于受到"庆元学案"的牵连，当友人邀请为之题匾赋诗时，朱熹虽欣然答应，但为了不累及友人，朱熹题写完毕后改用"茶仙"署名。庆元六年（1200年）春，重病之中的朱熹在为南剑州一处景点题写"引月"二字后，也署名"茶仙"。此后不久，一代理学大家朱熹溘然病逝，享年70岁，其所题"引月"竟成绝笔。

朱熹常借品茶喻求学之道，通过饮茶阐明"理而后和"的大道理。他说："物之甘者吃过而酸，物之苦者吃过即甘。茶本苦物，吃过即甘。问：'此理何如？'曰：'也是一个道理，如始于忧勤，终于逸乐，理而后和。'盖理本天下至严，行之各得其分，则至和。"朱熹认为学习过程中要狠下功夫，苦而后甘，始能乐在其中。

朱熹借论茶喻学之机，引《易经·家人》"家人嗃嗃，悔厉吉；妇子嘻嘻，终吝"来告诫门人，礼治应以中庸之道。"家人"是一家之主形象："嗃嗃"是冷酷的意思；家主过于严厉，以至冷冰冰的。谓治家过于严厉，则会带来很大的危害。如果治家不严，妇道及子女行为不端正（嘻嘻），终会带来耻辱和不幸。所以治家宁可严厉，不可松懈，也就是说酽茶尝到韵味，淡茶则味同嚼

蜡，“中庸之道”和品茶中的先苦后甜的道理一样。

朱熹以茶喻学，认为学问要专注一门。对理学皓首穷经，钻深研透，不被当时流行的其他学派所迷乱。犹如宋代煎茶，仍有唐代遗风，在茶叶掺杂姜、葱、桂、椒、盐之类同煎，犹如大杂烩而妨碍茶味。朱子对学生说：“如这盏茶，一味是茶，便是真才，有些别的滋味，便是有物夹杂了”[《朱子语类（卷十五）》]。这种比喻，既通俗易懂，又妙趣横生。

朱熹在向学生讲学时，巧妙地以日常生活中的茶作妙喻。朱子答学生问关于如何评价《左传》作者识见，曰：“左氏仍一个趋利避害之人，要置身二隐地，而不识道理，于大论处皆错。观其议论，往往皆如此。且《大学》论所止，便只说君臣父子五件，左氏岂如此？如云：‘周郑交质’，而曰‘信不由中，质无盖也’。正如佃客论主，责其不请吃茶！”[《朱子语类（卷一百二十三）》]。他只说左氏论事不得要领，远不如孔子《大学》论君臣父子关系精当。以“佃客状告座主，责其不请饮茶”这样的巧喻，把复杂的理论问题在谈笑间说清楚了。

辛弃疾智退“茶寇”

辛弃疾（1140—1207年），原字坦夫，改字幼安，别号稼轩，历城（今山东济南）人，南宋豪放派词人，辛弃疾由于抗金主张与当政的主和派政见不合，被弹劾落职，退隐江西上饶带湖。

辛弃疾爱好茶，有着契合茶品质的清高儒雅的气质，常用茶与友人间相互交流联络感情，切磋技艺，并用茶馈赠，答谢回和。更多的时候，茶更是被他用来寄托壮志难酬的忧愁心绪。辛弃疾在《临江仙·试茶》中写道：“红袖扶来聊促膝，龙团共破春温。

高标终是绝尘氛，西厢留竹影，一水试云痕。饮罢清风生两腋，馀香齿颊犹存。离情凄咽更休论，银鞍和月载，金碾为谁分。”感慨何时才能匡复国家，回到妻儿身边一起烹茶点饮。尽管辛弃疾一腔热血，但终究壮志难酬，抱憾终生，只能“送君归后，细写茶经煮香雪”。

辛弃疾对茶的贡献，体现在三个月平定了作乱的“茶寇”。唐宋以来，政府对茶叶的税收越来越重，因而导致大量的私茶贩子出现。淳熙二年（1175 年）4 月，一个叫赖文正的茶商，率领着 400 多名武装私贩人员在湖北起义，很快就进入湖南和江西境内，在江西永新县一个叫禾山洞的地方建立了根据地，和政府军周旋。辛弃疾被任命为江西提点刑狱，节制诸军，讨捕“茶寇”。

辛弃疾当机立断采用“以柔克刚”的策略，一方面颁布重赏令，招募敢死队；另一方建议皇上降低对茶商的赋税。首先，辛弃疾从当地驻军、土豪兵、村民当中优中选优，很快成立了一支精良的部队，然后对他们进行统一指导、训练。接着，辛弃疾把这支精兵与精通地形的乡兵联合起来，分成两支部队，一支负责固守茶商们的根据地，一心一意调查、跟踪茶商们的日常行踪；另一支队伍主要负责到茶商隐居的山里面去虚张声势，进行搜查、追击，但并不主动攻击。等到茶商们疲于奔命、意志消沉、萌生退意后，部队紧追不放，时刻让茶商们感觉到压迫感，竭力不造成任何伤亡。

“茶寇”人数本来就不多，很多人在敢死队的监控下无法开展工作，加上有些“茶寇”在广东行进的途中，又遭到当地军队拦击，实力大损。而那时辛弃疾组织的队伍由于信息灵通、攻守并举、虚实相生，使得茶商军的活动范围越来越小，基本处于“无事可为”的状态，最后溃不成军。

辛弃疾率领队伍马上乘虚而入，了解到有些茶商无心恋战，就趁机派人到茶商的军营里去招降，对他们格外关照，宣布只要愿意投降的人都会被善待，政府也会马上降低所有茶商的税收。叛军眼看四面楚歌，气数已尽，只好乖乖投降。就这样，曾在全国引起巨大骚乱的“茶寇”，在不到三个月的时间内，被辛弃疾彻底平定了。

辛弃疾被罢官之后闲居上饶带湖，闲居的生活以及被罢官后的落寞心情让他更加觉得悲凉，以至于看到春风吹掉了花瓣、燕子飞于春风之中这样的春景，在他眼里也满是萧条。于是写下了《定风波·暮春漫兴》：“少日春怀似酒浓，插花走马醉千钟。老去逢春如病酒，唯有，茶瓯香篆小帘栊。卷尽残花风未定，休恨，花开元自要春风。试问春归谁得见？飞燕，来时相遇夕阳中。”这首词，通过强烈的对比，在老来落寞的现实面前追忆年轻时“插花走马”的意气风发，老来情怀的“如病酒”对应年轻时的“似酒浓”，少年酒“醉千钟”对老年来“茶一瓯”；景况迥别，以至毫无心绪，那种悲哀失落只有自己一人躲进小屋，烧一盘香、啜几杯茶独自品味，在孤独中感悟到人生的真味。透过那小小帘栊，看到卷尽残花的春风，无限感慨，不知是该恨还是该爱。这种难以名状的苦恼左右着身体衰老的词人，真有些“欲说还休”的味道。

嗜茶如命杨万里

杨万里（1127—1206年），字廷秀，号诚斋，吉州吉水人，著名文学家、爱国诗人。与陆游、尤袤、范成大并称南宋四大家，世称“诚斋先生”。

杨万里嗜茶，在其4000多首诗作中，有茶诗71首。杨万里出生地吉州，在《茶经·八之出》有记载："江南，生鄂州、袁州、吉州。"按陆羽《茶经》所言，吉州盛产茶叶，杨万里一出生就与茶结缘。这种出生茶乡的机缘，不仅使得杨万里在茶色茶香的熏陶下长大，而且有更多获得名茶的机会。

杨万里一生嗜茶，有时竟然达到不顾自己身体的程度。他有一首《武陵源》的词，其中有："旧赐龙团新作祟，频啜得中寒。瘦骨如柴痛又酸，儿信问平安。"因为茶性寒，饮茶过量对身体并不好，但杨万里为了饮茶，不顾使身体受寒以至获病，这一点他在这首词的序中已然承认："老夫茗饮小过，遂得气疾。"此外，他嗜茶如命的性格在其《不睡》诗中也得到体现："夜永无眠非为茶，无风灯影自横斜。"由于嗜茶，"茗饮小过""频啜得中寒"，弄得人"瘦骨如柴"，但他仍不愿与茶一刀两断，他在另一首诗中说："老夫七碗病未能，一啜犹堪坐秋夕。"虽病不绝，只是少喝点罢了。此外，杨万里由于夜里也好饮茶，故常常引起失眠。他在《三月三日雨，作遣闷十绝句》中说："迟日何缘似个长，睡乡未苦怯茶枪。春风解恼诗人鼻，非菜非花只是香。"杨万里嗜茶如命可见一斑。但其嗜茶如命绝非是口腹之贪，他追求的是茶的味外之味。

淳熙四年（1177年）四月，杨万里任职常州毗陵郡。常州是有名的茶乡，所产的紫笋茶在唐代就属于贡茶之一。茶乡的任职，让杨万里容易得到茶叶，有更多的品茗机会，"茶"自然而然地走进了他的诗歌中。

淳熙六年（1179年）七月，杨万里提举广东常平茶盐。担任茶盐的经历，让杨万里在管理茶叶转运、监督制茶或相关茶叶事物的过程中，不但可以提高自身茶事、茶学方面的知识，同时也获得了更多品尝不同种类茶的机会。

杨万里对江西的双井茶情有独钟。杨万里虽然不是在洪州出生，但与欧阳修、黄庭坚同属于江西人，对前辈所极力称赞的双井茶也是非常喜欢，在其诗歌中多次提到并赞美双井茶。在《以六一家煮双井茶》写道："鹰爪新茶蟹眼汤，松风鸣雷兔毫霜。细参六一泉中味，故有涪翁句子香。日铸建溪当退舍，落霞秋水梦还乡。何时归上滕王阁，自看风炉自煮尝。"在煎家乡双井茶时，联想到同乡黄庭坚咏双井茶的诗句，又联想到王勃《滕王阁序》中描写的"落霞与孤鹜齐飞，秋水共长天一色"的景色，不禁想念起家乡来，感觉家乡的双井茶与日铸、建溪名茶一样，都是好茶，希望有一天能在滕王阁亲自煎饮双井茶。不仅如此，杨万里还在《晚兴》中写道双井茶芽甘甜爽口，风味独特："双井茶芽醒骨甜，蓬莱香烬倦人添。蜘蛛政苦空庭阔，风为将丝度别檐。"

在茶香中，杨万里的心灵常常受到感动，产生吟诗的冲动。茶在杨万里的诗歌创作中扮演着重要的角色，它不仅是杨万里诗思的触媒，而且在潜移默化中影响杨万里的诗歌风格。茶味寒，具有祛睡思、清神益脑的功效。杨万里曾说"未闲诗得瘦，只苦茗防眠"，喝茶常让人失眠，但夜深人静，失眠却给了杨万里一次次的灵感。《将睡四首》写道："已被诗为祟，更添茶作魔。端能去二者，一武到无何。"茶性俭，茶味淡，茶水清，杨万里曾说过"绝爱杞萌如紫蕨，为烹茗椀洗诗肠"。品茶与诗歌创作相互渗透，写出的诗歌自然浸韵着茶的自然清新，如《寄题萧邦怀少芳园》："群莺乱飞春昼长，极目千里春草香。幽人自煮蟹眼汤，茶瓯影里见山光。欣然药圃聊步屧，戏随蜜蜂与蝴蝶。杨花糁迳白於雪，桃花夹迳红於襭。"诗中采用摄影之法，把"莺""草""茶""山川""蝴蝶""蜜蜂""杨花""桃花"等春之景快速捕捉到自己的镜头里，然后用行云流水的语言构图，一幅跃动着生命活力的春之景跃然纸上，而这一清新自然的风格带给读者的正如品茶后的神清气爽一般。

杨万里酷爱分茶，他的诗中多有描述，最著名的是《澹庵坐上观显上人分茶》："分茶何似煎茶好，煎茶不似分茶巧。蒸水老禅弄泉手，隆兴元春新玉爪。二者相遭兔瓯面，怪怪奇奇真善幻。纷如擘絮行太空，影落寒江能万变。银瓶首下仍尻高，注汤作字势嫖姚。"诗中描述的是南宋隆兴年间，杨万里兴致勃勃地去澹庵先生家赴宴。席间，杨万里观看显上人分茶的情景，细腻的茶粉与水搅拌，在兔毫盏面上幻变出各种奇特的画面，有如变化莫测的山水天空，或似劲疾洒脱的草书。这位显上人分茶，不但能使茶汤变换出种种奇异的物象，还可使茶汤显现气势磅礴的文字，令人惊叹。

杨万里还取饮茶作为读书之法，他在《诚斋集·习斋论语讲义序》中说："读书必知味外之味。不知味外之味，而曰我读书者，否也。《国风》诗曰：'谁谓荼苦，其甘如荠'，吾取以为读书之法焉。"古时"荼"即为茶，在《尔雅》中也称茶为苦荼。杨万里认为读书是一件辛苦的事情，但读书后的获益却如同"荠"一样甘甜，与饮茶是一样的道理。

怀海禅师与禅茶礼仪

怀海禅师（720—814年），唐朝禅宗高僧，是我国禅宗史上的重要人物。怀海禅师本姓王，俗名木尊，福建长乐人，是洪州宗风开创者马祖道一大师的法嗣，禅宗丛林清规的制定者，因其后半生常住于洪州百丈山（今江西省奉新县），世称"百丈禅师"。

百丈禅师首创普茶仪式。当时僧侣农禅并重，即一边修行，一边从事种茶等农业生产，十分辛苦。新年之际，僧众会聚一堂，品尝自己生产的茶叶、共贺新春是一大乐趣。在佛教史上有名的径山茶宴，先由住持法师亲自调茶，以表敬意，尔后命近侍一一奉献给赴宴僧们品饮，这便是献茶。僧人接茶后先打开碗盖闻香，再举碗观色，接着是启口啧、啧尝味；一旦茶过三巡，便开始评证茶品，称赞主人品行，随后的话题少不了论佛诵经，谈事叙谊。

《百丈清规》是禅茶礼仪和规则的集大成者。禅宗饮茶的习俗，起源于灵岩寺的降魔藏禅师，而怀海禅师把“禅茶”作为名词提出来，根据禅宗的特点，制定一部专门规范僧人言行举止的“僧禁”，后世称为《百丈清规》。《百丈清规》把僧人坐卧起居、长幼次序、饮食坐禅和行事礼仪等都做了明确规范。据资料统计，《百丈清规》中也有提及“茶”，把“禅茶”文化推向了一个新高度。

按照禅宗清规，各种典仪、佛事、庆典、祭日等都要有饮茶、奉茶的环节。即使僧人每天清早起床，也要先饮茶，然后再进行各种规定佛事，每天也要在佛像前供奉清茶。此外，寺庙内有僧客到访，迎送、坐禅、谈话等都要配合茶饮。

《百丈清规》根据饮茶的不同场合和用途，规定了不同的“行茶礼”，如两序交代茶、入寮出寮茶、方丈四节特为首座大众茶、旦望巡堂茶、方丈点行堂茶等。还有茶礼和汤礼同时进行的情况，称为“茶汤礼”，如新命辞众上堂茶汤、受请人辞众升座茶汤、堂司特为新旧侍者汤茶等。

《百丈清规》对寺院行茶礼有近乎烦琐的严谨规范，如“大众章第七·赴茶汤”记载：“既受请已依时候赴，先看照牌明记位次，免致临时仓遑”，即按时到场，记住自己的座位，免得到时候慌乱无序；“有病患内迫不及赴者，托同赴人告知，唯住持茶汤不可免”，即如果有身体问题不能去，可以请假，但是住持的茶汤活动不可请假；“大众章第七·日用轨范”记载有“若有茶就座不得垂衣，不得聚头笑语，不得只手揖人，不得包藏茶末”等饮茶规范。

《百丈清规》中还提到管茶务的人叫“茶头”，其主要职责不仅要烧水煮茶、献茶款客等，还要执行清点茶牌、敲板集合以及烧香、分派茶汤等日常礼仪。比如，《百丈清规》“入寮出寮茶”一则中有“令茶头预报寮主挂点茶牌”，“新挂搭人点入寮茶”中有“茶头即鸣寮前板”，“列职杂务·寮元”条目中有“鸣板集众，烧香行汤如常礼”等。

曾巩的茶诗茶事

曾巩（1019—1083 年），字子固，世称“南丰先生”，建昌军南丰县（今江西省南丰县）人，北宋文学家、史学家、政治家。仁宗嘉祐二年（1057 年）进士，历官史馆修撰。唐宋八大家之一，与曾肇、曾布、曾纡、曾纮、曾协、曾敦并称“南丰七曾”。著有《元丰类稿》《曾南丰先生文粹》《南丰曾子固先生集》等，在其诗集中有茶诗七篇。

曾巩爱茶，其得到的茶，几乎都是福建北苑一带所产的贡茶——龙凤团茶，而且是采摘得很早的茶叶。闰正月十一（相当于三月上旬或中旬），产于北苑贡茶地区东溪曾坑的茶叶是极其细嫩、极其珍贵的，是用精制小盒盛装的极名贵的贡茶。曾巩《闰正月十一日吕殿丞寄新茶》赞道：“偏得朝阳借力催，千金一胯过溪来。曾坑贡后春犹早，海上先尝第一杯。”

茶是一种有灵性的事物。北苑茶区采摘的新茶，嫩如“麦粒”，该茶具有驱睡的神奇功效，饮过此茶，谁都会相信草木有天性。曾巩在《尝新茶》中写道：“麦粒收来品绝伦，葵花制出样争新。一杯永日醒双眼，草木英华信有神。”

春茶是抢手之物，尤以明前刚摘时，京城人们都以能得到春茶而感幸甚。曾巩就曾把种极其珍贵的早茶献给在京城里居住的亲人（慈亲指父母），他在《寄献新茶》一诗中写道：“种处地灵偏得日，摘时春早未闻雷。京师万里争先到，应得慈亲手自开。”

宋代是极讲究茶道的时代，斗茶之风极盛，一些文人雅士更流行斗茶的生活情趣。斗茶，一看盏的内沿与汤花相接处有没有水的痕迹；汤色保持时间较长，能紧贴盏沿而不散退的叫“咬盏”；散退得较快，或随点随散的叫“云脚涣乱”；汤花散退后，盏的内沿就会出现水的痕迹，叫水脚；汤花散退早、先出现水痕的斗茶者，就是输家。每年清明节期间，新茶初出，一些名流雅士在有规模的茶叶店，各取所藏好茶，轮流烹煮，相互品评，以分高下。此时，婺源茶是“仙山灵草”，是清丽可人的“佳人”。曾巩云：“采摘东溪最上春，婺源诸叶品尤新。龙团贡罢争先得，肯寄天涯主诺人。”[①] 同时，《蹇磻翁寄新茶二首其一》写道：“龙焙尝茶第一人，最怜溪岸两旗新。肯分方胯醒衰思，应恐慵眠过一春”。《蹇磻翁寄新茶二首其二》写道：“贡时天上双龙去，斗处人间一水争。分得余甘慰憔悴，碾尝终夜骨毛清。”

好茶需要好水，用趵突泉泉水烹茶，则茶味更好。曾巩在《趵突泉》中写道：“一派遥从玉水分，暗来都洒历山尘。滋荣冬茹温常早，润泽春茶味更真。已觉路傍行似鉴，最怜沙际涌如轮。

① 摘自《方推官寄新茶》。

曾成齐鲁封疆会，况托娥英诧世人。”

曾巩在其《议茶》中主张开放茶市，他认为“重其末故急徭横赋，而县官遂兴管榷之利焉”“管榷之利，茶其首也”。曾巩详细考证了秦汉到唐代管榷税收的演变轨迹，指出茶市征税是自唐文宗时开始实行的，其后或兴或废，“流弊千载”。曾巩根据当时情况提出由中央政府统一征税，而地方要搞活流通，“上则蓄之以大局，下则通之于商人。其直也，就中都而入之；其茗也，由外郡而与之。俾夫周旋海内，自受其益，所过关市，则悉增其税，所至郡国，则悉弛其禁”，从而避免地方政府纵加茶赋而“伤财暴众”。

文天祥诗歌中的茶文化

文天祥（1236—1283 年），字履善，又字宋瑞，自号文山，浮休道人，吉州庐陵（今江西吉安县）人。南宋末大臣，文学家，民族英雄，著有《过零丁洋》《文山诗集》《指南录》《指南后录》《正气歌》等作品。

宋朝时茶文化发展到了极致，既有“斗茶”的赛事，也有因茶而得职的“茶官”。文天祥诗歌都是其人生经历的写照，从中可以看到他当时所处的人情世故，可以看到他周围社稷的人文百态。他的诗歌是我们了解当时茶文化一扇特别好的窗口。在文天祥众多的诗歌中，与“茶”有关的诗歌只有寥寥几首。其中，《景定壬戌司户弟生日有感赋诗》写道：“夏中与秋仲，兄弟客京华。椒柏同欢贺，萍蓬可叹嗟。孤云在何处，明岁却谁家。料想亲帏喜，中堂自点茶。”诗中写的是兄弟二人当时同在朝廷为官，客居京师繁华之地，在弟弟生日时的感想。诗歌里面既有“椒柏同欢

贺”的快乐，也有“萍蓬可叹嗟”的愁绪。既是骨肉情深的欢愉，也是“料想亲帏喜，中堂自点茶”的思念。想到母亲长辈在家，即使再欢喜，也只能在大客厅里自己“点茶”以示欢庆。

文天祥在《太白楼》写道：“扬子江心第一泉，南金来此铸文渊。男儿斩却楼兰首，闲品茶经拜羽仙。”诗中太白楼是指马鞍山太白楼，文天祥在征程途中经过太白楼，登楼观景，触景生情，以茶励志，将驱除鞑虏，追求和平的决心也融入其茶诗中。他非常清楚，要想过上和平的生活，首先必须成为好男儿，作为顶天立地的男子汉，应该承担起保家卫国的责任和义务，将肆掠中原、涂炭生灵的侵略者赶尽杀绝，才会出现太平盛世，才有空“闲评茶经”，才有机会“拜羽仙”。

《晚渡》是其被押解北上时的作品，“青山围万叠，流落此何邦。云静龙归海，风清马渡江。汲滩供茗碗，编竹当蓬窗。一井沙头月，羁鸿共影双。”这首诗表面看与“茶”没有关系，实际上仔细品味会发现，“茶”隐含在第三句中“汲滩供茗碗，编竹当蓬窗”。“茗”就是茶，“茗碗”就是茶碗、茶杯。同时，从诗中也可以看出，宋朝末期品茶已有专门的茶碗，而且有专门的名窑烧制。

相传，工夫茶的起源与文天祥有着密切联系。早在北宋时，潮州人就发明了工夫茶。当时，位于闽粤交界处的饶平，茶叶交易十分活跃，因福建所产乌龙茶为潮州人所喜欢，茶商买茶时，就用小盅来品茶，以鉴别茶叶好坏，使工夫茶粗具雏形。

到了南宋末年，为抗击元蒙，文天祥率领部队从江西转战至广东潮阳、海丰。其间，六个女儿和老母亲均劳瘁而死，文天祥悲愤交加，遂以茶代酒，祭奠英灵。尔后，工夫茶逐渐演变为一个大茶壶和六个小茶盅，以纪念抗元英雄文天祥的亲人。

▌“茶王公”谢枋得

谢枋得（1226—1289 年），字君直，号叠山，别号依斋，信州弋阳（今江西省弋阳县）人，南宋末年著名的爱国诗人，其作品收录在《叠山集》。南宋灭亡后，谢枋得避难来到福建安溪感德，教化当地民众开荒种茶，被安溪人奉为“茶王公”，并建有“茶王公祠”。

南宋德祐二年（1276 年）正月，元军进攻江东地区，谢枋得亲自率兵与元军展开殊死血战，终因孤军无援而败。同年 5 月，南宋景炎帝在福州即位，谢枋得任江东制置使，他再次招募义兵，继续抗元。同年 9 月 2 日，谢枋得率兵进攻铅山，终因寡不敌众而失败，为避元军追捕，他越过武夷山，一路南行，隐姓埋名。

南宋灭亡后，谢枋得不愿在元朝做官，便一路南下进入福建，于至元二十二年（1285 年）住在感德（今福建省安溪县感德镇）左槐黄氏十八世祖黄鸾哥、黄凤哥兄弟家中，设馆授徒，讲学劝道，教化山民。恰逢当时左槐出现了“茶叶换不来豆叶”的生产低谷期，许多村民欲弃茶生产而另谋生计。谢枋得精于品茶，深通茶性，细察当地水土后，认为左槐的土壤和气候适宜茶树生产，劝慰村民不要放弃种茶，还鼓励他们多垦荒种茶，并亲自培育茶苗送给村民，传授建阳茶叶制作技艺，指导村民把制作的茶叶挑到湖头、泉州、同安等地贩卖。

在谢枋得的极力劝导下，左槐的黄姓、张姓、欧姓、林姓均有村民响应，在原来种茶基础上又得到进一步巩固和发展。谢枋得还在此地留下了著名茶诗《觅茶》：“茂绿林中三五家，短墙半露小桃花。客行马上多春日，特叩柴门觅一茶。”

元至元三十一年（1294 年），黄泰亨（黄鸾哥次子）得知谢

枋得去世的消息后，悲恸万分，画谢枋得木板像挂在厅堂左墙上，永久纪念。当地的张氏、陈氏等感念其德，也陆续在各家之中供奉谢枋得牌位，开始了对谢枋得的崇拜，后来苏氏亦奉祀之。元统元年（1333 年），元顺帝感其风骨，敕封谢枋得为“正顺尊王”。为感谢谢枋得对感德地区茶叶的贡献，当地民众尊奉他为“茶王公”。

明成化五年（1469 年），左槐先民集资兴修茶王公祠，塑正顺尊王金身供奉，以此来纪念谢枋得。尔后，每年春季，左槐种植茶树的茶农都会举办盛大的正顺尊王金身巡境活动，请求保佑风调雨顺，茶运漫长。茶王公谢枋得，已成为当地大众遍及敬重的“茶神”。

“玉茗堂主人”汤显祖

汤显祖（1550—1616 年），字义仍，号海若、清远道人，晚年号若士、茧翁，江西临川人，明朝戏曲剧作家、文学家。汤显祖在中国和世界文学史上有着重要的地位，其代表作有《牡丹亭》《紫钗记》等。

汤显祖深谙茶事，在其剧作中经常提到。因汤显祖嗜茶，故将其临川的住处命名为“玉茗堂”，自号“玉茗堂主人”，其所著二十九卷文集，名为《玉茗堂集》。当时人们称汤显祖所创的艺术流派为“玉茗堂派”，他著名的剧作《南柯记》《邯郸记》《紫钗记》《牡丹亭》，合称为“玉茗堂四梦”。“玉茗”为茶的别称，可见汤显祖爱茶之深。

《牡丹亭》是汤显祖最著名的代表作，在这部作品中，作者 26 次提到茶，喝茶在当时已经成为人们日常生活中一件非常普通的事情。如有早茶（早茶时了，请行）、午晌茶（吟余改抹前春句，饭后寻思午晌茶），还提到茶食（贴捧茶食上）等。当时人们已经把饮茶与定亲、结婚等紧密地联系在一起了。《牡丹亭·硬拷》（新水令）中提到："呀，我女已亡故三年。不说到纳采下茶，便是指腹裁襟，一些没有。何曾得有个女婿来？可笑，可恨！祇候门与我拿下。"

《牡丹亭·劝农》还描写了采茶、咏茶、泡茶、敬茶等情节。"前腔〔老旦、丑持筐采茶上〕乘谷雨，采新茶，一旗半枪金缕芽。呀，什么官员在此？学士雪炊他，书生困想他，竹烟新瓦。〔外〕歌的好。说与他，不是邮亭学士，不是阳羡书生，是本府太爷劝农。看你妇女们采桑采茶，胜如采花。有诗为证：'只因天上少茶星，地下先开百草精。闲煞女郎贪斗草，风光不似斗茶清。'领了酒，插花去。〔老旦、丑插花，饮酒介〕〔合〕官里醉流霞，风前笑插花，采茶人俊煞。〔下〕〔生、末跪介〕禀老爷，众父老茶饭伺候。〔外〕不消。余花余酒，父老们领去，给散小乡村，也见官府劝农之意。叫祇候们起马。〔生、末做攀留不许介〕〔起叫介〕村中男妇领了花赏了酒的，都来送太爷。"

这段戏写的是南安府太守杜宝出城春游，来到南安（今大余县）的城郊清乐乡劝农，清乐乡的父老带领乡民们到接官亭迎接，并准备了当地民风民俗的歌舞献演。剧中生动地描写了农家女"采茶胜如采花"的情景。表现了农民喜采新茶、官府下乡劝农、为茶农插花送酒的场景，也体现出南安府太守对茶叶生产的关心和重视。这种"劝农"的仪式，是历代王朝的地方官吏表示关心农民的一种例行公事，也是官吏们了解民情、采集民风的手段。

汤显祖除了在戏剧中提到茶事外，还写了大量的茶诗。其《茶马》诗中写道："秦晋有茶贾，楚蜀多茶旗。金城洮河间，行

引正参差。绣衣来汉中，烘作相追随。以篦计分率，半分军国资。番马直三十，酬篦二十余。配军与分牡，所望蕃其驹。月余马百钱，岂不足青刍。奈何令倒死，在者不能趋。倒死亦不闻，军吏相为渔。黑茶一何美，羌马一何殊。有此不珍惜，仓卒非长驱。健儿犹饿死，安知我马徂。羌马与黄茶，胡马求金珠。羌马有权奇，胡马皆骀驽。胡强掠我羌，不与兵驱除。羌马亦不来，胡马当何如。”通过这首诗，我们可了解到茶马交易的一些情况。明代经营茶叶的多是秦地和晋地的商人，用于茶马交易的茶叶除陕西汉中的茶外，大多是湖南的“黑茶”和四川的“蜀茶”。当时茶叶用“篦”作计量单位，获得“引”的商人有在茶区收购茶叶的权利，但有一半要交给茶马司，用于茶马交易。汤显祖还有很多茶诗是他在浙江遂昌任知县和游历雁荡山时所写的，如《竹屿烹茶》；在龙游溪口镇写下《题溪口店寄劳生希召龙游二首》；在治理遂昌四年之后。写了《即事寄孙世行吕玉绳二首》；还有在游览雁荡山时写的《雁山种茶人多阮姓，偶书所见》《试雁荡山茶》《雁山迷路》。

汤显祖与浮梁的茶叶和瓷器有着密切的联系。明万历三十三年（1605年），“亲贤仁廉”的浮梁县令周起元执政，他十分重视教育，修学宫、置学田，按原样重建双溪书院，特邀请汤显祖前来浮梁讲学。时年55岁的汤显祖，正弃官回家专事创作，他接连写了《还魂记》《南柯记》《邯郸记》，正在改写《紫钗记》，以完成他的世界名著“临川四梦”。当汤显祖听说是浮梁这个五品县令请他去讲学时，欣然接受了。汤显祖来到浮梁后，品饮名茶，鉴赏瓷器，游览昌江，对浮梁的瓷器和人文风景有了很深的了解，引发了创作冲动，写下了著名的《浮梁县新作讲堂赋》，对浮梁的茶叶、瓷器和教学事业，做出了高度评价。汤显祖在赋中写道：

“今夫浮梁之茗，冠于天下，惟清惟馨，系其薄者……

“品饮散茶领头人”朱权

朱权（1378—1448 年），晚号臞仙，又号涵虚子、丹丘，明太祖朱元璋第十七子，慧心敏悟，精于史学，旁通释老。

朱权自幼体貌魁伟，聪明好学，人称“贤王奇士”。燕王起兵后，由于政治原因，朱权被迫从原封的河北会州（今热河平泉县南），改封到江西南昌。朱权从此构筑精庐，不问政事，鼓琴著书，以茶明志，终成《茶谱》一书。

《茶谱》全书约 2000 字，分序和正文两部分，正文中可分为“茶说”和“茶目”两部分。

《茶谱》“序”中描绘了一幅“渠以东山之石，击灼然之火，以南涧之水，烹北园之茶”“岂白丁共语哉”莘子雅士品茶时傲然蔑世的情景，也抒发了朱权著作《茶谱》的真正用心。

正文“茶说”约 500 字，谈及茶“助诗兴”“伏睡魔”“倍清淡”“中利大肠，去积热化痰下气”“解酒消食，除烦去腻”的功用。记载了对茶的称呼，一为“其名有五，曰茶，曰槚，曰蔎，曰茗，曰荈”；一为“早取为茶，晚取为茗”。

《茶谱》所列茶目共十六项，品茶、收茶、点茶、熏香茶法、茶炉、茶灶、茶磨、茶碾、茶罗、茶架、茶匙、茶筅、茶瓯、茶瓶、煎汤、品水。分饮茶方法、制茶方法和饮茶器皿三大类。饮茶方法中列有品茶、品水、煎汤、点茶四项。朱权认为，品茶当品“谷雨”茶；用水当用“青城山老人村杞泉水”“山水”“扬子江心水”“庐山康王洞帘水”等；煎汤要掌握“三沸之法”；点茶要经“炉盏”“注汤少许调匀”“旋添入，环回击拂”等几道程序，并以“汤上盏可七分则止，着盏无水痕为妙”。

制茶方法有收茶、薰香茶法。朱权认为，“茶宜蒻叶隔而收”“焙用木为之，上隔盛茶、下隔置火”。“收条”条目中，还专门提及收天香茶时应“日午取收，才不夺茶味”。“薰香茶法”条目中，朱权认为，所用花“有香者皆可”“有不用花，用龙脑熏者亦可。”

茶目中讲述最细的是饮茶用具。朱权所列饮茶用具主要有：炉、灶、磨、碾、罗、架、匙、筅、瓯、瓶。

《茶谱》倡导“清饮”饮茶法，倡导叶茶冲泡，被称为“开千古茗饮之宗”，是有文字记载“泡茶”第一人。唐宋以来，都是制团茶碾末，十分麻烦。朱权改变了这一饮茶习惯，独创全叶冲泡方式，让喝茶更加简单。同时，陆羽《茶经》之后的茶事，茶具多达 24 件，程序也颇为繁杂。朱权“崇新改易”，仅留下必需的几件工具，并通过多年的实验和使用感受，对茶具的材质做了对比研究，还把探讨的心得写了下来。如对主要茶具茶壶、茶杯，他都有自己的探索。

朱权认为在众多的茶书之中，唯有陆羽和蔡襄得茶之真谛。朱权指出饮茶的最高境界是“会泉石之间，或处于松竹之下，或对皓月清风，或坐明窗静牖，乃与客清淡款语，探虚立而参造化，清心神而出神表”。他还认为饼茶不如叶茶，因它保存了茶叶自然的色香形味，后人无不欣然改变原来的饮茶之法而以开水泡叶茶。他对烹饮方法也有重大贡献，独创蒸青叶茶烹饮法，将茶叶蒸过之后，不再捣碎揉团即焙干烹饮。

朱权的《茶谱》，对后世茶文化的发展影响深远。书中提出不将茶叶压成茶饼，也不加香料，以此来保存茶的本香，这使叶茶成为主流。茶的饮法也由烹煮发展为瀹泡，并由后世继承，延续至今。

书中所载朱权自创的茶道，比日本千利休所创茶道早百余年，两种茶道形式几近相同，可见朱权茶道对日本茶道有着直接的影响。

“茶事知音”曹雪芹

曹雪芹（1715—1763年），名霑，字梦阮，号雪芹，河北丰润人，琴、棋、书、画、诗词皆佳的小说家。他的《红楼梦》对茶的各方面都有相当精彩的论述。在《红楼梦》里，言及茶的地方有270处之多，吟咏茶的诗词有10多首。在《红楼梦》里，写了茶与礼仪、茶与人伦、茶与祭祀、茶与风俗、茶与婚嫁、茶与审美、茶与健康等，还写了不少关于茶的诗词、楹联、文赋、故事之类。

在《红楼梦》中，涉及我国的很多名茶，如西湖的龙井茶，云南的普洱茶及其珍品女儿茶，安徽的六安茶，福建的老君眉和“凤随”，湖南的君山银针，以及暹罗国（泰国）进贡的暹罗茶等；还提到了一些有关茶的品类，如家常茶、敬客茶、伴果茶、品尝茶、药用茶等。在第四十一回《栊翠庵茶品梅花雪》写道：“贾母道：‘我们才都吃了酒肉，你这里头有菩萨，冲了罪过。我们这里坐坐，把你的好茶拿来，我们吃一杯就去了。’妙玉听了，忙去烹了茶来。宝玉留神看他是怎么行事。只见妙玉亲自捧了一个海棠花式雕漆填金云龙献寿的小茶盘，里面放一个成窑五彩小盖钟，捧与贾母。贾母道：‘我不吃六安茶。’妙玉笑说：‘知道。这是老君眉。’贾母接了，又问：‘是什么水？’妙玉笑回：‘是旧年蠲的雨水。’贾母便吃了半盏，便笑着递与刘姥姥，说：‘你尝尝这个茶。’刘姥姥接来一口吃尽，笑道：‘好是好，就只淡些，再熬浓些更好了。’贾母与众人都笑起来。然后众人都是一色官窑脱胎填白盖碗，倒了茶来。”

《红楼梦》中还表现了寺庙中的奠晚茶、吃年茶、迎客茶等风俗。曹雪芹的生活，经历了荣华富贵和贫困潦倒，因而有丰富的社会阅历，对茶的习俗也非常了解，在《红楼梦》中有着生动的反映。如第二十五回，“王熙凤给黛玉送去暹罗茶，黛玉吃了直说好，凤姐就乘机打趣：‘你既吃了我们家的茶，怎么还不给我们家做媳妇？’众人听了一齐都笑起来。林黛玉红了脸，一语不发，便回过头去了。”这里就用了“吃茶”的民俗，“吃茶”表现女子受聘于男家，又称为“茶定”。第七十八回，写宝玉读完《芙蓉女儿诔》后，便焚香酌茗，以茶供来祝祭亡灵，寄托自己的情思。这也是当年以茶祭祀的风俗描写。

曹雪芹善于把自己的诗情与茶意相融合，在《红楼梦》中，有不少妙句，如写夏夜的：“倦乡佳人幽梦长，金笼鹦鹉唤茶汤”；写秋夜的“静夜不眠因酒渴，沈烟重拨索烹茶”；写冬夜的“却喜侍儿知试茗，扫将新雪及时烹”。

茶在曹雪芹《红楼梦》中处处显出浓重的人情味，哪怕在人生诀别的时刻，茶的形象依旧鲜明。晴雯即将去世之时，她向宝玉索茶喝：“阿弥陀佛，你来得好，且把那茶倒半碗我喝，渴了这半日，叫半个人也叫不着。”宝玉将茶递给晴雯，只见晴雯如得了甘露一般，一气都灌了下去。当83岁的贾母即将寿终正寝时，睁着眼要茶喝，而坚决不喝人参汤，当喝了茶后，竟坐了起来。

曹雪芹还注重煎茶用水，在《红楼梦》里，两处写到了煎茶用水。在第二十三回，贾宝玉写了一组吟咏春夏秋冬的时令诗，其中《冬夜即事》一诗说到了以雪水煎茶：“却喜侍儿知试茗，扫将新雪及时烹。”在第四十一回，有一段妙玉说雪水煎茶的文字：“妙玉执壶，只向海内斟了约一杯。宝玉细细吃了，果觉轻浮无比……”黛玉因问：“这也是旧年蠲的雨水？”妙玉冷笑道：“你这么个人，竟是大俗人，连水也尝不出来。这是五年前我在玄墓蟠香寺住着，收的梅花上的雪，共得了那一鬼脸青的花瓮一瓮，总舍不得吃，埋在地下，今年夏天才开了。我只吃过一回，这是第二回了。你怎么尝不出来？隔年蠲的雨水哪有这样轻浮，如何吃得？”

“茶痴”乾隆

乾隆（1711—1799 年），是清代在位时间最长的皇帝，也是历史上有名的爱茶皇帝，喜欢品饮，几乎尝尽天下名茶，留下许多茶事轶闻。

乾隆秉承了祖父康熙的爱好，经常巡游江南，品尝了各种名茶。乾隆好茶成痴，每到一地，必然要访茶问泉。驾临湖南，品尝了产于洞庭湖中君山岛的君山银针后赞不绝口，当即御封贡茶，传旨每年进贡 18 斤；巡幸福建，品尝了大红袍后，欣然为之题匾；在安溪品尝了乌龙茶后，又御题赐名铁观音。乾隆最爱西湖龙井茶，6 次南巡到杭州，4 次驾临西湖茶区观看采茶制茶，并即兴挥毫写下了许多茶诗，至今传为佳话。

乾隆不仅善于品茗，还非常讲究择水。他曾特制一个银斗，随驾携带，每到一处，便命内侍用银斗称量当地泉水，并且按照水的重量划分高下。经测定，北京玉泉山的玉泉水重量最轻，被列为“天下第一泉”，镇江中泠泉次之，无锡的惠泉和杭州的虎跑泉又次之。并在《御制玉泉山天下第一泉记》中写道：“尝制银斗较之，京师玉泉之水，斗重一两；塞上伊逊之水，亦斗重一两。济南之珍珠泉，斗重一两二厘。扬子江金山泉，斗重两三厘，则

较玉泉重二厘、三厘矣。至惠山、虎跑，则各重玉泉一分。然则更无轻于玉泉者乎？曰：有，乃雪水也。尝收集而烹之，较玉泉水轻三厘。雪水不可恒得，则凡出于山下而有洌者，诚无过京师之玉泉，故定为'天下第一泉'。"

在乾隆皇帝心目中，雪水还是最好的，每遇佳雪，必令人收取，以松子、梅花、佛手烹茶，命名为三清茶，并赋诗记之。然而雪水不常有，乾隆皇帝还喜欢在夏秋之际，采取荷露烹茶。他在《荷露煮茗》中写道："平湖几里风香荷，荷花叶上露珠多。瓶罍收取供煮茗，山庄韵事真无过。"

中国茶俗中，当主人给客人敬茶或给茶杯中续水时，客人会以中指和食指在桌子上轻轻点几下，表示敬谢之意。据说这种茶礼起源于乾隆皇帝南游苏州时，与几名随从微服私访，来到一家茶馆歇脚饮茶。当时茶馆生意兴隆，茶客众多，茶博士穿梭上茶续水，一时照顾不过来，乾隆茶瘾大发，忘记了身份，拿起茶壶为自己和随从斟起茶来。皇上这突如其来的举动令随从们不知所措，下跪接茶怕暴露身份，不下跪又违反了宫中礼节。正在左右为难之际，一位随从灵机一动，伸出右手弯曲中指和食指，朝皇上轻叩了几下，形似双膝下跪，叩谢皇恩。众随从恍然大悟，立即效仿。乾隆一见，龙颜大悦，轻声嘉许道："以手代脚，诚意可嘉，既不失礼又得意趣，妙哉！妙哉！"从此，这一茶礼便固定下来，成为君臣微服私访时的专有礼仪，后来渐渐从宫中流传到社会上，人们也开始使用起来，至今不衰。

乾隆六十年（1795年），有一天，84岁高龄的乾隆把诸王公大臣召入内廷，说自己要把皇位传给皇太子，自己称太上皇。一位老臣不无惋惜，劝谏说："国不可一是无君啊！"乾隆笑了笑，端起御案上的茶盏，呷了一口茶，说："君不可一日无茶啊！"一句戏言，亦道出乾隆是一个真正的茶痴。禅位之后，乾隆皇帝嗜茶如命，在北海静清斋内专设“焙茶坞”，煮泉瀹茶，品茗怡性，悠然自得，颐养天年。

孙中山“茶为国饮”

孙中山（1866—1925年），名文，字载之，号日新，又号逸仙，又名帝象，化名中山樵，伟大的民族英雄、伟大的爱国主义者、中国民主革命的伟大先驱。

孙中山先生是一个知茶爱茶的人，曾对茶有高度评价，在其《建国方略》和《建国大纲》中，一再向国人推介茶作用和功效，更将之提到民生的高度来认识，在《实业计划》中积极倡导振兴中国茶叶。

孙中山高度称赞茶为最优美之人类饮料。孙中山指出：“茶为文明古国所即知已用之一种饮料……就茶言之，是最为合卫生、最优美之人类饮料。”他在《民生主义》的讲演中说：“外国人没有茶以前，他们都是喝酒，后来得了中国的茶，便喝茶来代酒，以后喝茶成为习惯，茶便成了一种需要品。”但在孙中山先生的民生思想中，他提倡饮茶用茶宜简朴，即“不贵难得之货”。指出“中国人之饮食习尚暗合于科学卫生……中国常人所饮者为清茶，所食者为淡饭，而加以菜蔬豆腐，此等之食料为今日卫生家所考得为最有益于养生者也。故中国穷乡僻壤之人，饮食不及酒肉者，常多上寿。”孙中山先生还指出，要推广饮茶，从国际市场上夺回茶叶贸易的优势，应降低成本，改造制作方法，“设产茶新式工场”。

“茶为文明国所既知已用之一种饮料”是孙中山对茶的定性评

价。他之所以向国人推介茶，不仅茶乃“廉良之物”，且茶具有恬淡清和、高雅意趣的品性。孙中山一再规劝人们多喝茶，少喝酒，以茶养生，陶冶性情。他说：“中国人发明茶叶，至今为世界之一大需要，文明国皆争用之，以茶代酒更可免了酒患，有益人类不少”。

孙中山呼吁振兴中国茶业。在建立共和后，他极力主张实业救国。茶叶与瓷器、丝绸并列为丝绸之路的三大贸易货物，孙中山在其撰写的《建国方略》之“孙文学说”“实业计划”“民权初步”三部分中都提到了茶，认为“其种植及制造为中国最重要工业之一。”他对茶叶的生产、出口等情况都做了深入的调查研究，对中国茶叶与印度、日本茶叶的品质差别和当时中国茶叶种植、加工方面的落后原因等都了如指掌，对旧中国的茶叶生产状况甚为忧虑，说：“此前中国曾为以茶叶供给全世界之唯一国家，今则中国茶叶已为印度、日本所夺。唯中国茶之品质，仍非其他各国所能及。印度之茶含有丹宁酸太多，日本茶无中国茶所具之香味。最良之茶，唯可自产茶之母国即中国得之。中国之所以失去茶叶商业者，因其生产费过高。生产费过高之故，在厘金及出口税，又在种植及制造方法太旧。”

孙中山进一步分析茶叶输出减少的原因：“丝茶这两种货物，在从前外国都没有这种出产，所以便成为中国最大宗的出口货……因为以前丝和茶，只有中国才有这种出产，外国出产的货物又不很多，所以通商几十年，和外国交换货物，我们出口丝茶的价值便可以和外国进口货物的价值相抵消，这就是出口货和进口货额价值两相平均。但是近来外国进口的货物天天加多，中国出口的丝茶天天减少，进出口货物的价值便不能抵消。”孙中山还对当时美国禁酒一事十分关注，认为是我国发展茶业的好机遇，指出："世界对于茶叶之需要日增，美方又禁酒，倘能以更廉、更良之茶叶供给之，是诚有利益之一种计划也。"他在国际发展计划中提出振兴中国茶业的对策："若除厘金及出口税，采用新法，则中国之茶叶商业仍易恢复。在国际发展计划中，吾意当于产茶区域，设立制茶新式工场，以机器代替手工，而生产费可大减，品质也可改良。"

鲁迅"喝茶"

鲁迅（1881—1936年），原姓周，幼名樟寿，字豫山，后改为豫才。1989年起，改名树人。

在北京的时候，鲁迅是茶楼啜茗的座上客，这在他的日记中记述很多。他去得最多的是青云阁，喜欢在喝茶时伴吃点心，且饮且食。常结伴而去，至晚方归。1912年5月26日下午"同季市、诗荃至观音寺街青云阁啜茗"，观音寺街在北京前门大栅栏，是热闹地带，青云阁是有名的茶庄；8月14日午后"同季市至廊房头条劝工场饮茗"，这劝工场也在大栅栏；那个时期，鲁迅经常爱去的喝茶处所，就是在大栅栏一带。

后来，鲁迅也常到中央公园去饮茶。1924年5月2日下午"往中央公园饮茗，并观中日绘画展览会"，这之后就经常去这里饮茶了。5月8日、11日、23日、30日都有到中央公园饮茶的记载。5月8日晚"孙伏园来部，即同至中央公园饮茗，逮夕八时往协和学校礼堂观新月社祝泰戈尔氏六十四岁生日演《契忒罗》，归已夜半也"。

当时鲁迅任职于教育部，工作并不繁忙，有些无聊，遂养成了经常外出喝茶的生活习惯。以至于1924年7月18日到西安讲学期间也“往公园饮茗”。

其实，鲁迅更多是在家里喝茶。上海山阴路大陆新村的鲁迅故居卧室里，在书桌旁放着一张藤躺椅，开始写作前，先泡上一壶茶，在这藤躺椅上躺一会，闭目养神，打打腹稿，然后开始写作。在冬天，由于他要写到下半夜，甚至到天明，为了怕茶凉，许广平特意为他缝制了一个棉茶壶套，夜里套在茶壶上，这样茶就不容易凉了，苦心孤诣，颇为难得。

从鲁迅的日记看，早年就有买茶叶和亲友往来互赠茶叶的记载，鲁迅自己买茶的记载也很多。早年在北京，他常往“稻香村”买茶叶，还到“鼎香村”等处买，每斤价格基本上在1元左右。例如，1924年1月17日“买茶叶二斤，每斤一元”；2月23日“买茗一斤，一元”；4月1日“买茗一斤，一元”；5月6日“买茗一斤，一元”；5月31日“下午往鼎香村买茗二斤，二元”。晚年在上海，鲁迅喝茶更加厉害了。从日记上看，上海时期买茶叶，已经不是一斤两斤地买了，而是十斤八斤甚至更多。1930年6月21日“下午买茶叶六斤，八元”；1931年5月14日“以泉五元买上虞新茶六斤，赠内山君一斤”；紧接着第二天又“买上虞新茶七斤，七元”，两天里就买了13斤茶叶。1933年5月24日，“三弟及蕴如来，并为代买新茶三十斤，共泉四十元”，一次就买30斤茶叶，而且价格还不便宜。

鲁迅先生在1933年写下随笔《喝茶》，文中称喝茶是“骚人墨客”的一种盛世清福般的享受，但他自己又不愿归类于此等“骚人墨客”之列。即便是他有了喝茶的机会，又生发出偏激的情感，将杂陈的浊世况味，融入一杯清香淡静的茶汤中。如此喝茶，不仅享受不到清福，反而给心灵添了压力添了烦累。

鲁迅先生谈自己喝茶，也持有“郑重其事”的态度。遗憾的是他从所购得的廉价茶的“色、味、形”方面，判断出自己上了当，买了劣质茶。“某公司又在廉价了，去买了二两好茶叶，每两洋二角。开首泡了一壶，怕它冷得快，用棉袄包起来，却不料郑重其事来喝的时候，味道竟和我一向喝着的粗茶差不多，颜色也很重浊。”

鲁迅先生坦诚自己使用茶具方法的不当，导致对喝茶感受的错误判断，自己的漫不经心是喝不出茶的雅趣来。“我知道这是自己错误了，喝好茶，是要用盖碗的，于是用盖碗。果然，泡了之后，色清而味甘，微香而小苦，确是好茶叶。但这是须在静坐无为的时候，当我正写着《吃教》的中途，拉来一喝，那好味道竟又不知不觉的滑过去，像喝着粗茶一样了。”

鲁迅先生对人家的喝茶经验，不是点个赞，而是撂下风凉话。“有好茶喝，会喝好茶，是一种‘清福’。不过要享这‘清福’，首先就须有工夫，其次是练习出来的特别的感觉。”

喝茶时的心境应当是平和的，可是鲁迅先生却没有这种心境，居然还产生“痛觉”，使他联想到背后受敌的危机！“我们有痛觉，一方面是使我们受苦的，而一方面也使我们能够自卫。假如没有，则即使背上被人刺了一尖刀，也将茫无知觉，直到血尽倒地，自己还不明白为什么倒地。”

鲁迅先生是个愤世嫉俗者，在他眼中，看不惯的东西实在是太多了。即便是茶这样一种能静定心神的饮料，也抑制不住他对与自己见解分歧的“知识精英”们的抨击。“但这痛觉如果细腻锐敏起来呢，则不但衣服上有一根小刺就觉得，连衣服上的接缝，线结，布毛都要觉得，倘不穿‘无缝天衣’，他便要终日如芒刺在身，活不下去了。”

茶文化是中华传统文化的一部分，茶是一道精神饮品。茶有

“雅喝”与“俗喝”之分，阶层不同，喝茶境界也不一样。鲁迅先生在《喝茶》中，则把世态炎凉掺和到茶杯中来，让茶的清淡变得混浊起来。由此可见，《喝茶》这篇小文，反映出鲁迅先生的确是一个不善喝茶的人，更是一个静不下心来“享清福的人”！

老舍“戒茶”

老舍（1899—1966年），原名舒庆春，笔名老舍，著名作家，创作了话剧《茶馆》，曾被西方人誉为“东方舞台上的奇迹”。

饮茶是老舍一生的嗜好。他认为“喝茶本身是一门艺术”，在《多鼠斋杂谈》中写道：“我是地道中国人，咖啡、可可、啤酒、皆非所喜，而独喜茶。”“有一杯好茶，我便能万物静观皆自得。”

旧时“老北京”最喜喝的是花茶，“除去花茶不算茶”，他们认为只有花茶才算是茶。老舍作为“老北京”自然也不例外，他也酷爱花茶，自备有上品花茶。汪曾祺在他的散文《寻常茶话》里说：“我不大喜欢花茶，但好的花茶例外，比如老舍先生家的花茶。”虽说老舍喜饮花茶，但不像“老北京”一味偏爱。他喜好茶中上品，不论绿茶、红茶或其他茶类都爱品尝，兼容并蓄。我国各地名茶，诸如西湖龙井、黄山毛峰、祁门红茶、重庆砣茶等无不品尝，且茶瘾大，称得上茶中瘾君子，一日三换，早中晚各执一壶。他还有个习惯，爱喝浓茶，在他的自传体小说《正红旗下》写到他家里穷，在他“满月”那天，请不起满月酒，只好以“清茶恭候”宾客。“用小砂壶沏的茶叶末儿，老放在炉口旁边保暖，茶叶很浓，有时候也有点香味。”

老舍好客、喜结交。他移居云南时，一次朋友来聚会，请客吃饭没钱，便烤几罐土茶，围着炭盆品茗叙旧，来个“寒夜客来茶当酒”，品茗清谈，属于真正的文人雅士风度！

抗战期间老舍蛰居重庆时，曾在一篇杂文里提出要戒茶，但绝非本意。“不管我愿不愿意，近来茶价的增高已叫我常常起一身小鸡皮疙瘩。”忆当年国民党统治下的陪都，连老舍这样的大作家也因物价飞涨而喝不起茶，竟然悲愤地提出要“戒茶”，以示抗议。茶叶太贵，比吃饭更难。像老舍这样嗜茶颂茶的文人茶客是爱其物、恨其价，爱与恨皆融于茶事之中。老舍与冰心友谊情深，常往登门拜访，一进门便大声问：“客人来了，茶泡好了没有？”冰心总是不负老舍茶兴，以她家乡福建盛产的茉莉香片款待老舍。浓浓的馥郁花香，老舍闻香品味，啧啧称好。他们茶情之深、茶谊之浓，老舍后来曾写过一首七律赠给冰心夫妇，开头首联是“中年喜到故人家，挥汗频频索好茶”。以此怀念他们抗战时在重庆艰苦岁月中结下的茶谊。回到北京后，老舍每次外出，见到喜爱的茶叶，总要捎上一些带回北京，分送冰心和他的朋友们。

老舍的日常生活离不开茶，出国或外出体验生活时，总是随身携带茶叶。一次他到莫斯科开会，苏联人知道老舍爱喝茶，特意给他预备了一个热水瓶。可是老舍刚沏好一杯茶，还没喝几口，一转身服务员就给倒掉了，惹得老舍神情激愤地说：“他不知道中国人喝茶是一天喝到晚的！”这也难怪，喝茶从早喝到晚，也许只有中国人才如此。西方人也爱喝茶，可他们是论“顿”的，有时间观念，如晨茶、上午茶、下午茶、晚茶。莫斯科宾馆里的服务员看到半杯剩茶放在那里，以为是喝剩不要的，就把它倒掉了。这是个误会，是中西方茶文化的一次碰撞。

老舍生前有个习惯，就是边饮茶边写作。无论是在重庆北碚或在北京，他写作时饮茶的习惯一直没有改变过。创作与饮茶成

为老舍先生密不可分的一种生活方式。茶在老舍的文学创作活动中起到了绝妙的作用。老舍1957年创作了话剧《茶馆》，剧作展示了戊戌变法、军阀混战和新中国成立前夕三个时代的社会风云变化。通过一个叫裕泰的茶馆揭示了近半个世纪中国社会的黑暗腐败、光怪陆离，以及在这个社会中的芸芸众生。《茶馆》是当代中国话剧舞台上最优秀的剧目之一，在西欧一些国家演出时，被誉为“东方舞台上的奇迹”。

郭沫若茶诗

郭沫若（1892—1978年），原名开贞，字鼎堂，号尚武，古文字学家、考古学家、社会活动家，是中国新诗的奠基人之一、中国历史剧的开创者之一。

郭沫若生于茶乡，游历过许多名茶产地，品尝过各种香茗。在他的诗词、剧作及书法中，留下了不少珍贵的饮茶佳品，一时传为佳话。

四川乐山是郭沫若的故乡，也是个茶乡，郭沫若小时候经常到他的家乡沙湾镇郊外的茶溪玩耍，那曲曲弯弯的茶溪，那青翠欲滴的茶山，给他留下了美好的印象。郭沫若在11岁时写了一首题为《茶溪》的诗：“闲酌茶溪水，临风诵我诗。钓竿衔了去，不识是何鱼。”表达了他对家乡的茶和茶溪的深厚感情。

在郭沫若负笈离乡后，有机会尝到各地的香茗，对茶的情结更是有增无减。1940年郭沫若与友人赵清阁一起游览重庆北部的缙云山，在山中缙云山寺旁的茶棚小憩时，随兴作了一首《缙云山纪游》，赠给好友赵清阁：“豪气千盅酒，锦心一弹花。缙云存古寺，曾与共甘茶。”这首诗通过写在缙云山饮茶这件事，赞颂了郭沫若、赵清阁之间的深厚友谊。诗的首句是说赵清阁的为人具有豪爽的气概，第二句中的“弹花”是指赵清阁当年主编的文艺刊物《弹花》，“锦心”是指赵清阁有个美好、善良的心态，通过这个刊物为大众做了很多好事。第三句是写郭沫若与赵清阁饮茶的地点，最后一句的“甘茶”是指缙云山产的一种甜味山茶。

1957 年郭沫若造访邛崃县城的“文君井”时，作了一首《题文君井》的新诗：“文君当垆时，相如涤器处。反抗封建是前驱，佳话传千古。会当一凭吊，酌取井中水。用以烹茶涤尘思，清逸谅无比。”此后，当地就将这首《题文君井》刻石立为石碑，使得“文君嫩绿”更加声名远扬。

1959 年 2 月，郭沫若在杭州游览了西湖后，来到坐落在西湖西南的白鹤峰下的虎跑泉。饮用了用虎跑泉泡的龙井茶后，感到格外的甘洌醇厚，于是挥毫赋诗，称赞了被誉为“西湖双绝”虎跑泉和龙井茶。“虎去泉犹在，客来茶甚香。名传天下二，影对水成三。饱览湖山胜，豪游意兴酣。春风吹送我，岭外又江南。”

同样，在游武夷山和黄山后，郭沫若对当地的茶叶也是倍加关心，留下诗篇：“武夷黄山同片碧，采茶农妇如蝴蝶。岂惜辛勤慰远人，冬日增温夏解温。”

1964 年郭沫若在湖南考察工作之余，品饮了长沙高桥茶叶试验场创制的名茶新品高桥银峰，为高桥茶叶试验场手书七律《初饮高桥银峰》一首：“芙蓉国里产新茶，九嶷香风阜万家。肯让湖州夸紫笋，愿同双井斗红纱。脑如冰雪心如火，舌不饾饤眼不花。协力免教天下醉，三闾无用独醒嗟。”

郭沫若的题诗，在几种名茶的对比中肯定了新品高桥银峰的可贵品质，使其一时间名声远播，成为当地的名茶。

郭沫若不仅仅是诗人，也是有名的剧作家，在描写元朝末年

云南梁王的女儿阿盖公主与云南大理总管段功相爱的悲剧《孔雀胆》中，把武夷茶的传统烹茶方法，通过剧中人物的对白和表演，介绍给了观众。借王妃之口，讲述了工夫茶的冲泡方法：在放茶之前，先要把水烧得很开，用那开水先把茶壶烫一遍，然后再把茶叶放进这茶壶里面，要放大半壶。再用开水冲茶，冲得很满，用盖盖上。这样便有白泡冒出，接着用开水从这茶壶盖上冲下去，把壶里冒出的白泡冲掉。

林语堂论茶

林语堂（1895—1976年），福建龙溪人，原名和乐，后改玉堂，又改语堂；中国现代著名作家、学者、翻译家、语言学家，新道家代表人物。

林语堂爱茶、懂茶，也喜欢喝茶。小时候，林语堂的母亲就经常招呼过路的樵夫、路人到家里喝茶，这种生活方式和家风让林语堂从小时候就把喝茶当作一种习惯，茶进入林语堂的生活，逐渐浸染到生命深处。

林语堂把茶放在至高无上的地位，他不讳言："在饮料方面，我们天生是很节省的，只有茶是例外。"他曾说过"我以为从人类文化和快乐的观点论起来，人类历史中的杰出新发明，其能直接有力的有助于我们的享受空闲、友谊、社交和谈天者，莫过于吸烟、饮酒、饮茶的发明。""饮茶的通行，比之其他人类生活形态为甚，致成为全国人民日常生活的特色自己。""正是这个原因，于是在中国各处茶寮林立，相仿于欧洲的酒吧间以适应一般人民。至于喝茶的地点，不一而足，是在家族中喝茶，又上茶馆喝茶。喝茶的方式也不尽相同：或则独个儿，也有同业集会，也有吃讲茶以解决纠纷。”

林语堂认为，喝茶不仅仅是一种休闲，而且是一种艺术，是一种特色。对家乡茶的物美价廉曾经大为赞誉：“像作者的家乡，有喝茶喝破了产的，不过喝茶喝破产因为他们喝那十分昂贵的茶叶。至于普通的茶是很低廉的，而且中国的普通茶就给王公饮饮也不至太蹩脚。”

林语堂关于喝茶，他认为“茶叶和泉水的选择已成为一种艺术。”在《茶与交友》这篇文章里，他详细说明喝茶的环境十分重要。“一个人在这种神清气爽，心气平静，知己满前的境地中，方真能领悟到茶的滋味。”“饮茶之时而有儿童在旁哭闹，或粗蠢妇人在旁大声说话，或自命通人者在旁高谈国是，即十分败兴，也正如在雨天或阴天采茶一般糟糕。”至于茶叶的制作准备，也是很讲究的：“茶是凡间纯洁的象征，在采制烹煮的手续中，都须十分清洁。采摘烘焙，烹煮取饮之时，手上或杯壶中略有油腻不洁，便会使它丧失美味。所以也只有在眼前和心中毫无富丽繁华的景象和念头时，方能真正享受它。”“烹茶须用小炉，烹煮的地点须远离厨房，而近在饮处。茶僮须受过训练，当评价的面前烹煮一切手续都须十分洁净，茶杯须每晨洗涤，但不可用布揩擦。僮儿的两须常洗，指甲中的污腻须剔干净。三人以，止用一炉，如五六人，便当两鼎，炉用一童，汤方调适，若令兼作，恐有参差。”可见，林语堂是把喝茶讲究到了精致的程度，不仅仅对清洁程度做了要求，就是泡茶的僮仆也是非常讲究，避免不同的人操作，标准有所差别。

林语堂在喝茶的过程中，还总结了著名的“三泡说”。他对茶的“回甘”和养生作用深有体会。“最好的茶是又醇又和顺，喝了过一二分钟，当其发生化学作用而刺激唾腺，会有一种回味升上来，这样优美的茶，人人喝了都感到愉快。我敢说茶之为物既助消化，又能使人心气平和，所以它实则延长了中国人的寿命。”

不仅仅在于泡茶的形式，林语堂还把家乡茶的意蕴，在一杯杯喝茶的时候娓娓道来。林语堂还有一个小故事，他结婚的时候喝龙眼茶，就是把龙眼（桂圆）放在茶汤中，寓意富贵团圆，本来是象征性地喝两口就可以，林语堂居然一口气喝完，连茶中的龙眼也全部吃完了，引来大家大笑，但林语堂不为所动，更显其质朴、可爱。

茶俗故事

茶，这片神奇的叶子，从神农氏当药用到汉时的煮饮，从唐宋时期的煮、煎、点茶到明清时期的冲饮，除了药用、食用、饮用之外，在它发展的过程中，还产生了许多有意义的风俗和习俗，为我们的生活增添了许多的乐趣。

饮茶习俗是民间长期生活积累、演变、发展而自然积淀起来的与饮茶相关的文化现象。我国是一个礼仪之邦，来者是客，客来敬茶，以茶代酒，用茶示礼，历来都是我国各民族的饮茶之道。

“十里不同风，百里不同俗。”我国是一个多民族国家，由于历史、地理、民族、经济、社会、文化以及信仰的不同，每个民族的饮茶风俗也各不相同，即使同一民族在不同的地域，饮茶习俗也各有千秋。

北京人爱喝花茶，上海人爱喝绿茶，福建人爱喝红茶，广东人喜欢喝早茶，藏族人爱喝酥油茶，蒙古族人爱喝咸奶茶……南方人爱在茶里放些佐料，如湖南的一些地方，爱喝姜盐茶，江西的修水等地方的人爱喝香料茶，他们一边喝茶，一边把炒黄豆、芝麻、姜等佐料一起倒入口中，慢慢嚼出香味，也称为“吃茶”。

透过饮茶习俗，我们既能探究远古先民的饮茶情形，也能体

会自然积淀而来的茶文化内涵，更能感悟茶味人生，折射出人们对美好生活的向往。

饮茶习俗是先人们饮茶故事的流传，茶俗故事更能体现先人的智慧和茶文化内涵的传承。

悠然午后，一杯清茶，细品茶俗故事。

客来敬茶

宋代诗人杜小山有诗《寒夜》云：“寒夜客来茶当酒，竹炉塘沸火初红。”中国是礼仪之邦，自古以来有客来敬茶之礼。晋代王濛的“茶汤敬客”、陆纳的“茶果待客”等，至今仍传为佳话。从两晋到南北朝，“客来敬茶”成为当时达官贵人交往的社交礼仪，后来随着茶文化的传播与普及，茶道、茶礼和茶艺逐步通过不同的表现渗透到了寻常百姓家，“客来敬茶”已成国人待客的一种日常礼节。

鲁迅先生说：“有好茶，会喝好茶是一种‘清福’”。如果宾主是饮茶爱好者和收藏者，主人会拿出收藏的一些好茶，与客人一起细细品味，共叙茶事，分享清闲安逸，非常惬意，这样会给客人留下深刻而美好的印象。

客来敬茶是我国生活礼俗的一项重要内容，是常见的待客之道。有朋友来做客，主人总是先奉上一杯清香，“请喝茶”通常是主人对客人表示欢迎和尊敬的而常说的一句话。

白族的三道茶

白族三道茶是云南白族招待贵宾的一种饮茶方式，早在明代时就以其独特的“头苦、二甜、三回味”的茶道成了白家待客交友的一种礼仪。

第一道茶，称之为“清苦之茶”，寓意做人的哲理：“要立业，先要吃苦”。制作时，先将水烧开；再由司茶者将一只小砂罐置于文火上烘烤；待罐烤热后，随即取适量茶叶放入罐内，并不停地转动砂罐，使茶叶受热均匀，待罐内茶叶“啪啪”作响，叶色转黄，发出焦糖香时，立即注入已经烧沸的开水；少顷，主人将沸腾的茶水倾入茶盅，再用双手举盅献给客人。由于这种茶经烘烤、煮沸而成，因此，看上去色如琥珀，闻起来焦香扑鼻，喝下去滋味苦涩，故而谓之苦茶，通常只有半杯，应一饮而尽。

第二道茶，称之为“甜茶”。客人喝完第一道茶后，主人重新用小砂罐置茶、烤茶、煮茶；与此同时，还得在茶盅内放入少许红糖、乳扇、桂皮等，待煮好的茶汤倾入八分满为止。这样沏成的茶，甜中带香，甚是好喝，寓意着“人生在世，做什么事，只有吃得了苦，才会有甜香来”。

第三道茶，称之为“回味茶”。煮茶方法与前面相同，只是茶盅中放的原料已换成适量蜂蜜，少许炒米花，若干粒花椒，一撮核桃仁，茶容量通常为六七分满。饮第三道茶时，一般是一边晃动茶盅，使茶汤和佐料均匀混合，一边口中“呼呼”作响，趁热饮下。这杯茶，喝起来甜、酸、苦、辣，各味俱全，回味无穷。它告诫人们，凡事要多“回味”，切记“先苦后甜”的哲理。

藏族的酥油茶

在西藏，不管是在农区、牧区，还是在城镇，无论是远方来客，还是常住的友人，一踏进主人家门，首先端出的是香喷喷的酥油茶，主人双手捧上，恭敬地请你喝一杯，接着再寒暄议事。

酥油茶是一种以茶为主料，并加有多种食料经混合而成的液

体饮料，喝起来滋味多样、咸里透香、甘甜可口，既可暖身御寒，又能补充营养。在西藏草原和高原地带，人烟稀少，家中少有客人进门，偶尔有客来访，可招待的东西又很少，因此，敬酥油茶便成了西藏人款待宾客的珍贵礼物。

饮酥油茶的习俗，始于盛唐时期。相传，文成公主刚入藏时，对西藏高原寒冷的气候非常不适应，对以肉奶为主的膳食更无法习惯。后来，她想出一个办法就是早餐时先喝半杯奶，然后再喝半杯茶，这样感觉会舒服一些。再后来为了简便起见，干脆将茶和奶掺在一起喝，有时还加糖。于是，饮酥油茶逐渐成风俗，并以敬客人喝酥油茶为郑重的礼节。

贵溪人的“办茶”习俗

贵溪农村有特意请客人来“吃茶”的风俗。“吃茶”又叫“办茶”，必须像办酒席一样，事先约好客人按时来家赴席，同时，必须准备好各种佐茶熟食。其实，“办茶”就是以茶代酒，当然所请的人大多数是女客。贵溪人办酒席讲究四大四小（四个大盘、四个小碟），而贵溪农村的“办茶”，也讲究佐茶食品大与小的数目。大盘有四盘的，也有六盘或八盘的，盘里装的多数是当地土特产，忌装荤菜。如各色菜梗、银子豆、大豆、莲藕、煎豆腐等，但其中必然要有一两样主食，如年糕、面条、麻糍等。近年来，主食也有用油条、包子、饺子的，小盘装的大多数是豆子、花生、南瓜子或糕点之类。

客人落座之后，主人随即用粗瓷饭碗送来半碗白开水。当然，这半碗白开水不是喝的茶，而是供客人净口用的水。接着，主人上各种佐茶熟食，待茶果上齐后，主人才倒掉客人碗中的白开水，换上滚热的茶，正式开始“吃茶”。如果主人没有几盘几碟款待，只用“白茶”待客，会被视为无礼之举。

贵溪人“办茶”请客用的茶大都是自家制作的，茶的色泽、香味并不是很讲究，讲究的是佐茶的熟食。如佐茶熟食是否味美合口，是否其中有一两种较为稀罕，是否经得起客人品评，这是主妇首先所要关注的。贵溪人请酒有名目，“办茶”也同样有名目，该请哪些客人、为什么要请都蕴藏着女主人真挚的情意。

修水香料茶

修水人会友、联姻、示礼、养生无不通过香料茶来进行。世世代代的修水人以茶雅心，陶冶个人情操；以茶敬客，增进人际关系；以茶行道，净化社会风气。

修水人向来热情好客，凡有客人登门拜访，无论贵贱生熟，总是先让座、再敬茶，热情地招呼客人坐一会儿、休息一会儿，吃碗茶再走；然后话到茶到，一声“请恰茶”，主人递上一碗盐菊花凉茶，有色有香，又略有咸味。也有在茶里放上少许花椒的，那种麻辣香酥又生凉意的味道，使客人喝后身心俱爽。

修水属于典型的山区，境内山水相映，云雾氤氲，一派原生态自然风貌，至今仍是江南遗落的一方净土。过去交通落后，物质贫乏，在田间地里辛勤劳作的修水人，为了解渴和充饥，总是在茶中放一些自家种植和制作的芝麻、黄豆、花生等土果子，久而久之，慢慢便形成了今天这种世代相传的既解渴又充饥的“香料茶”。

“香料茶”以本地腌制的盐菊花为主料，配以茶叶、芝麻、黄豆、萝卜、柑橘皮、生姜、茶芎（又名抚芎）、花生等佐料，冲泡成色、香、味俱佳的饮品，因其佐料共有十种，又称“什锦茶”。

将茶叶、菊花、萝卜、柑橘皮、生姜、川芎、黄豆、花生、芝麻等茶料放入杯中，冲入开水即可，不用盖上杯盖，也无须续水，以保持修水菊花茶的原汁原味。吃茶要趁热，此时黄豆、花生、芝麻尚浮在水面，可随口吃下，满口芳香。一会儿茶料沉入杯底，需晃动碗标，将水和茶料一并吃下。

香料茶配制颇有几分讲究，佐料也极考究。八九月间采摘的新菊，去其花蒂，洗尽晒干，用盐腌制；将生姜、萝卜、橘皮细垛成丁，也用盐腌制，生姜、萝卜还须晒干，以便储存。同样拌以炒得喷香的黄豆、花生、芝麻、米粒，还有花椒。一杯茶端上来，上不见水，下不见底；若用玻璃杯冲泡之，层次更见分明，芝麻、黄豆、花生、炒米、花椒悬浮在上，生姜、萝卜、茶叶、橘皮静沉水底，其中菊瓣如云，或升或沉，怡趣自然。茶香袅袅，芽尖剔透，白菊晶莹，观之赏心悦目，啜之齿颊留香，令人心旷神怡，飘然若仙。

婺源茶亭“烧茶礼客”

婺源自古盛产茶叶，并形成了一些别具特色的茶文化和茶俗。其中，在茶亭“烧茶礼客”的习俗，从五代时期开始，一直流传至今，体现了当地人热情好客的淳朴民风。

在婺源，曾经流传着一首歌谣：“粉墙黛瓦戗角屋，乡村都通石板路。五里十里建茶亭，来龙水口参天树。”淳熙三年（1176年），朱熹回乡扫墓，见城中有一石泉，旁边搭一凉亭，免费供行人解渴，于是十分欣赏，提笔写了“廉泉”二字。据《婺源风俗通观》记载，清朝时期婺源有茶亭246座。如今，在婺源的崇山峻岭以及山间古道上，依旧可以看到诸多的古茶亭遗迹。

在婺源，似乎是约定俗成的，人们自古便在茶亭中置炉烧茶，为往来行人免费提供茶水。“五岭一日度，精力亦已竭。赖是佛者徒，岭岭茶碗设。”元朝时期，婺源人王仪在《过五岭》中就记叙了当时崇山峻岭中茶亭济茶的景象，可见当时婺源地区的大多数茶亭有为行人提供免费茶水的情况。《羊斗岭头募化烧茶偈》曰：“冬汤夏水力无边，奉劝檀柳莫惜钱。随意挥毫生喜助，往来感赞福三千。”在茶亭“烧茶礼客”，自古就是婺源当地十分重要的公益事业。这些茶亭，或由宗族捐地修建，或由乡绅儒士牵头集资，并捐基址修建，都是义务性服务的公益性慈善事业。而修理茶亭、管理茶亭、添置茶碗茶壶等工具的费用，或由捐资人提供，或由乡民共同承担。

茶亭免费为行人提供茶水，在婺源当地有这样一个传说。相传在五代时期，婺源有一位方姓阿婆，为人慈善，在赣浙边界的浙岭一个凉亭设摊供茶常年不辍，但凡遇上贫苦人家和劳动人民喝茶，方阿婆都不收取茶钱。方阿婆去世后，就葬在亭子旁边，路人感激她的恩德，在坟茔边拾石堆冢，《婺源县志》称这座墓为“方婆冢”。当地乡民受到方阿婆的影响，纷纷在茶亭中挂起“方婆遗风”的旗子，效仿她烧茶待客。从此，茶亭习俗在婺源流传开来，人们不仅在路亭、桥亭，就是商家的店亭，也会设灶烧茶。

井冈山客家的“请喝一杯茶”

“同志哥，请喝一杯茶呀，请喝一杯茶。井冈山的茶叶甜又香啊，甜又香。”一首《请茶歌》，唱出了井冈山客家人客来敬茶的习俗。

井冈山常住人口以客家人居多，家家户户都在房前屋后种上几株茶树，自己种茶制茶。有客人来家里做客，先是沏上滚烫的热茶，然后端上自家制作的各式点心，以敬来客。主人在旁陪坐，

不断为客人添茶，此时客人要用双手接茶。也有些客家人用醇香味美的擂茶待客，由于井冈山湿气重，擂茶中加了花生、芝麻、姜片等，以驱寒气。

井冈山客家人待客的茶点十分丰富，而且很有特色风味。有的用南瓜子、豆子；有的用油酥的红薯干、南瓜花；有的用醋浸的生姜、大蒜头、芥菜梗等20多种农家自制原汁原味的绿色食品。客家人的制作的汤饼更是酥软爽口，甜而不腻，入口即化，是佐茶的良品。

岁时饮茶

茶是中国人日常生活所需品，不仅在日常饮食生活中占有重要地位，在传统岁时食俗中，无论是在春节，还是在端午、中秋等，饮茶及茶俗都是一种重要的物象。

春节茶俗

春节，作为中国最重要的传统节日，大家都过得隆重而热闹。除了琳琅满目的特色食品，还有淳朴美好的饮茶习俗，年复一年地延续着中国人丰富多彩的食饮文化。

浙江杭州的元宝茶。浙江盛产绿茶，家家户户都喜饮新绿。而杭州的元宝茶一般都会在绿茶汤里加上两颗橄榄或是两颗金橘，橙黄碧绿，讨喜吉利。一般在大年初一早上起床之后饮用，寓意“喝碗元宝茶，一年四季元宝来”。

浙江温州的“拜茶”。正月初一早上，在浙江温州的洞头岛上至今还保留了一种叫拜茶的习俗。拜茶即以红枣、桂圆、年糕等煮成甜茶谓“红枣茶”，取其吉利之意：红枣寓意日子越过越红火，桂圆寓意阖家团圆、平安顺利，年糕寓意步步登高。“拜茶”分两部分：一是拜祖宗，盛小碗，供于灶神像前；二是拜灶神，都要焚香燃烛、烧金纸、放鞭炮。拜茶之后，全家每人各盛一碗喝。因新年第一餐是喝汤的，所以，在以后的日子里，或出门在外，或在家干活儿，若遇雨受阻，人们便会以“正月初一喝汤的”这话自嘲。喝过茶后，还要再烧线面吃，俗称“长寿面”，既是图吉利，祝愿全家老小长命百岁，又因喝茶不够饱，作为添食，可收一举两得之效。

江苏镇江三道茶。镇江的大年初一是可以晚起的，为了把被窝里的“财气”捂住。晚起的一家人洗漱完毕之后，就要开始上茶了：第一道圆子茶，象征阖家团圆，生活圆满。第二道枣子茶，不能吃完，要剩下几枚枣子，象征有吃有剩，年年有余。第三道八宝茶，在绿茶中入金菊、葡萄干、枸杞等配料，象征新春大吉大利，吉祥如意。三道茶喝完，就打开门准备拜年了。

安徽黟县锡格子茶。锡格子是传统茶点的锡制器具，是大多当地人的喝茶印记，而大年初一见“锡”即见“喜”，寓意皆大欢喜。新年一早，大家前面摆了两杯茶，一糖茶一香茶，寓意生活甜美、活色生香。先喝香茶，再喝甜茶，寓意先苦后甜，好日子在后头。喝完茶后再来两个五香茶叶蛋，代表好事成双。

福建蕉城三茶六酒。福建蕉城春节得用三茶六酒祭祀祖先与神灵。除夕春节得供“茶米水”（即茶水，闽人称茶为茶米），正月初一供年茶，然后大家喝做年糖茶（当地人称春节为做年），拜年要喝冰糖茶，这些加入了调料的甜味茶带着“大家喝了就可以一年到头口甜心甜”的美好寓意。正月初一还有向祖先讲茶的习俗，每位祖牌前放置一盅茶，然后进行膜拜、捧茶、举茶、献茶等仪式。

江西的青果茶。大年正月初一，江西各地的人都讲究喝青果茶。江西人喝青果茶的历史可以追溯至明朝，在明朝正德年间的《建昌府志》中就有记载："人最重年，亲族里邻咸衣冠交贺，稍疏者注籍投刺，至易市肆以青果递茶为敬。"[①] 这说明，早在明朝时期，在江西一带人们就开始在大年初一喝青果茶，并将饮用这种茶看作一种吉利的行为。

所谓青果茶，就是在绿茶中加放一枚青果，俗称檀香橄榄，泡在茶中，在品茗时显得淡雅清香。橄榄入口先是涩，之后就会有甘甜之味，满口生津，回味无穷。人们之所以会在大年初一喝青果茶，一是借"青果"的名字，寓意一年中都庆吉平安；二来是希望来年的生活能像嚼橄榄一样，越嚼越甜。

喝青果茶的风俗流行于江南一带，江西各地都受到影响。过去在南昌的茶馆中常备有橄榄，到了正月初一，不仅百姓家中会用青果茶待客，茶馆里也会提供青果茶，供茶馆的客人们享用。此外，据民国《安义县志》记载，安义等地的百姓在正月初一那天，还有吃"元宝茶叶蛋"的风俗。所谓元宝茶叶蛋，就是茶叶煮的鸡蛋，以元宝命名，意为招财进宝。

江西婺源的"初一朝"。在茶乡婺源，新年之始，茶商、茶农家庭成员最先入口的必定是茶。婺源人正月"初一朝"第一件大事是开大门，一年之中家中万事是否平安、顺利，均与大门是否开得好有极大关系。

这一天，全家人在选定开门的吉时前就起床了。女主人忙着生火，烧开水、煮面条、热粽子；男主人则点亮红烛，在八仙桌上摆上"桌盒"（馃子盒），然后，烧香、拜揖，请祖宗喝茶。吉

① 明朝的建昌府，是现在的江西省南城县。

时一到，男人打开大门，拿一叠“利市纸”走到门外，朝择定方向拜三拜，口中高喊“大吉大利”或“大利东西（南北）”，并随手将利市纸抛撒空中。此时，女主人则在锅台上摆上馃子碟，烧香拜灶神。

做完这些后，全家人才开始坐下喝茶、吃馃子、吃面条、吃粽子。然后晚辈按照长幼尊卑、亲疏内外的顺序给长辈拜年。

江西贵溪的正月“传茶会友”。在江西贵溪，正月期间有“传茶会友”的习俗，这是当地妇女们在正月里的一种聚会。每年正月初十以后，男人们在外做客，女人们便由一家发起，邀请平日来往亲密的姐妹和左邻右舍的女宾来家吃茶。这种“办茶”是贵溪女人传统的谈心聚会。

她们往往是吃完一家，次日又换一家，少则一二桌，多则三五桌。妇女们聚在一起，边吃边聊，从村里大事，到家庭隐私，天南地北，无所不谈。一般从下午一点左右开始，至夜方散。

立春茶俗

立春为万物复苏、春回大地的日子，至夏朝开始，便成为二十四节气的起始。无论是吃饭还是喝茶，我们常说要顺应时令，冬吃萝卜夏吃姜，春捂秋冻等。立春一日，百草回芽；东风解冻，水暖三分；万物复苏，让人精神抖擞！

供茶接春。立春一过就意味着冬天已经结束，进入了春天。春天，带给人们温暖，也带给人们希望，所以每家都置备佳酿，饮春酒欢庆。江西习俗有“立春大于过年”的说法，立春之日，一般都要以设酒庆贺、祭祀神灵、祈求庇护、燃放鞭炮等方式迎接新春。同时，地方官一定要亲自举行迎春礼仪，街坊“扎故事”庆祝。

历经冬藏的休养生息，养精蓄锐的茶树开始蓄势待发，纬度低一些的向阳茶山上，茶芽开始回春吐绿，冒出头来，宣告春的气息。明清以来，这一天，在玉山、南昌等地有立春喝春茶的习俗，祈祷来年能够风调雨顺、五谷丰登。据清·同治《玉山县志》记载，立春日，人们要在自家的祭祀主神前，供茶水、百果、五谷种子，燃香灯，放鞭炮，以迎接春回大地，示意一年之计在于春。在茶乡婺源的思口镇、清华镇一带，人们会在堂屋正中供上米、大豆、茶叶等，一来是供奉先人；二来通过这种行为祈祷新的一年水稻、茶叶、大豆等农作物丰收。

喝茶迎春。这天，在我国南方地区，不仅有吃春卷、喝春酒、接春纳福的习俗，还有喝春茶的习俗，寄寓春临大地，和和顺顺。在江浙一带，旧时习俗，"立春日绕樟叶，燃爆竹，吠架实，煮茗以宣达扬气，名曰垠春"。即立春日邀朋煮茶共饮，以扬春气。

元宵节茶俗

正月十五元宵节，是中国春节之后的第一个重要节日。不仅有热闹的灯彩、美味的汤圆，也有浓郁的茶俗、精妙的茶饮！

湖北鄂东"元宵茶"。元宵节的茶饮，许多带有地方特色。湖北鄂东一带的"元宵茶"制作颇为奇特，先将芫荽（香茶）叶切碎，伴以炒熟碾碎的绿豆（黄豆、饭豆）、芝麻，再加入食盐，腌上数日，装罐备用。饮用之时，冲入沸水，茶品鲜香味美，豆子、芝麻颇有嚼头，既可解渴，又能充饥。

广东揭西客家人"菜茶"。正月十五元宵节，有家家户户做"菜茶"的习俗，也就是煮十五样擂茶。每到元宵节清晨，青年妇女、小姑娘就到菜园里采摘十五样青菜。其中，一定要有香葱，据说吃了日后会聪明；也要有大蒜，吃了会计算，能当家理财；

还要有蔃头，吃了就会有窍门，心灵手巧。到了晚上，她们结伴观赏灯会，游巷串门，玩耍尽兴，再回家煮擂茶，共同分享，预示新年大吉，平安顺利。

在江西，元宵节除了吃汤圆、闹元宵外，各地还有与茶相关的茶饮和茶俗活动。元宵茶俗，一是“上元张灯，家设酒茗，竞丝竹管弦，极永夜之乐”（清·道光《新建县志》）。二是在庆贺元宵的灯彩之中，“河口镇更有采茶灯，以秀丽童男女扮成戏剧，饰以艳服，唱采茶歌，亦足娱耳悦目”（清·同治《铅山县志》），也有的地方是“杂以‘秧歌’‘采茶’通行，近村索茶果食”（清·嘉庆《东乡县志》）。三是“夜深，妇女以茶、果、香烛供紫姑神，问家常琐细事”（清·道光《崇仁县志》）。

当然，元宵节离不开热热闹闹的茶灯表演。在赣南的安远、于都、兴国以及赣西的上栗和赣东的铅山等地，都有在元宵时进行茶灯歌舞表演的习俗。尤其以安远的“茶篮灯”为最。安远茶篮灯是江西赣南的客家人载歌载舞的一种舞蹈形式，是茶农为庆祝茶叶丰收和企盼来年茶叶好收成的茶文化表演形式，因其演唱时舞者口唱“茶歌”，肩挑或者手提茶篮而得名，又称揹茶篓、搬灯子或搬茶灯。“茶篮灯”是在“茶歌”的基础上，加上采茶、摘茶的动作，借以当时盛行茶区的马灯、龙灯和舞狮形式，发展而来的一种载歌载舞的表演形式。

“茶篮灯”一般从正月初二开始演出，直到正月十五元宵节过后才散灯。“茶篮灯”巡演队伍在大小乡村巡回演出，“茶篮灯”将要进入某个村庄表演时，由一位长者提灯笼先行，东道主燃放鞭炮迎接，主客相见，互相道喜。凡是“茶篮灯”演出队伍所到之处，必定是锣鼓齐鸣、鞭炮齐响、歌舞并起；茶篮灯队伍每到一户人家，主人都要端出自制的糖果茶点，热情款待茶篮灯队队伍。

清明茶俗

清明节是我国纪念祖先的一个传统节日，与茶一直有着非常微妙的缘分，从采摘到品饮，甚至节日习俗等各个方面，都紧密相关。

在福建福鼎，清明当天，当地人都会上山采茶，能采多少就采多少，然后晾晒成茶，俗称“清明茶”。“清明茶”会被人们收藏下来，留作当年饮用。这一天采摘的茶寄托了对古人的思念，茶烟缓缓升起，将思念送去故人身边。

在广东深圳，本地人有在清明节逛山踏青、做“清明茶”的习俗。扫墓踏青期间，旧时的乡人们还会采摘山草药制作“清明茶”，又称“咸茶”，如萝卜钱茶、芥菜干茶、黄皮果茶、番石榴叶茶等，这些茶的味道咸中带苦带辣，还有着草药的香气，可以作为保健养生的茶品饮用。

在广东、江西一带，清明祭祖扫墓时，就有将一包茶叶与其他祭品一起摆放于坟前或在坟前斟上三杯茶以祭祀先人的习俗。而在铁观音的家乡安溪，清明时节，后辈上坟扫墓跪拜先祖，要敬奉清茶三杯。

立夏茶俗

立夏是农历二十四节气中的第七个节气，夏季的第一个节气。在天文学上，立夏表示夏天的开始。立夏过后，便是烈日当空、闷似蒸笼的夏天。我国各地的立夏茶俗风采各异。

在浙江，立夏“七家茶”很有自己的“个性”。据田汝成《西湖游览志余》记载：“在立夏之日，家家户户煮新茶，再配以各色水果点心，送给亲朋好友，此谓‘七家茶’”。有钱人家则颇为奢华，水果雕刻得很精美，果盘也装饰得富丽堂皇；茶叶中还加入许多花草，如茉莉、林檎、蔷薇、桂蕊、丁檀、苏杏；再用贵重的瓷瓯盛着茶汤，可见十分讲究。如今在江南一些茶乡，每逢新茶上市，茶农则以新茶祭祀祖先尝新，还将新茶和糕团馈赠亲友乡邻，此亦俗称为“七家茶”。

立夏时节，在浙南各地，每户人家还要购红花、新茶，备一年之用。诗中曾描写这种情景：“立夏晴和四月天，与郎商酌岁支钱。红花盐菜俱难缓，更买新茶过一年。”因为那时新谷才种，正是青黄不接的时候，如不储备柴米，到缺时则求购价昂。同时，蚕蛾破茧而出，抽出新丝，茶叶如不采藏，过此就变为老叶。红花为妇女染衣之用，产于四月，也必须及时购买。

在江苏，立夏茶俗同样别具一格。立夏之日，江苏各地要用隔年木炭烧水煮茶，茶叶要从左邻右舍相互求取，这也称为“七家茶”。据说喝了这“七家茶”，夏无酷热，身体结实，不容易长痱子。立夏日，家家户户还要以茶叶煮蛋，谓之“立夏蛋”，认为“立夏吃只蛋，力气多一万”，立夏吃茶叶蛋，夏天不中暑。

为了消暑，江苏各地还有饮大麦茶、金银花茶、竹叶茶、蚕豆壳茶的习惯。大麦茶是将大麦仁炒至焦煳，再煮水当茶饮用，其味微苦，清香怡人。连云港人夏季还爱饮用石花茶、山里红茶等。

江西各地，有饮“立夏茶”的习俗，“不饮立夏茶，一夏苦难熬”。据清乾隆《南昌县志》记载：“立夏之日，妇女聚七家茶，相约欢饮，曰立夏茶，谓是日不饮茗者，则一夏苦昼眠也。”这里的“七家茶”，指的是妇女汇集各家茶叶，相聚共饮茶。民间传说是，立夏喝了七家茶，可以保证整个夏天不会犯困；不喝立夏茶，就会一夏苦难熬。民国《昭萍志略》中的《立夏茶词》有描

述这一风俗："城中女儿无一事，四夏昼长愁午睡。家家买茶作茶会，一家茶会七家聚。风吹壁上织作筐，女儿数钱一日忙。煮茶须及立夏日，寒具薄持杂藜粟。君不见村女长夏踏纺车，一生不煮立夏茶。"

端午茶俗

端午节是祛病防疫、强身健体、趋吉避害的节日，也是祭奠屈原、缅怀华夏民族贤良的节日。中国人端午节都有吃粽子、插艾蒿、赛龙舟的习俗。不过，很多地方除了吃端午粽子外，还有取午时水、饮午时茶、上山采集草药的风俗。

在浙江松阳县，自古就有"喝了端午茶、百病都走远"的说法。相传，唐景龙年间，唐道教名士、括苍山仙人叶法善游历名山大川。一路上不断听闻浙南一带遭遇瘟疫，松阳感染者很多。他立即返回故乡，召集众道士采制卯山仙茶，以卯山泉水煮泡，然后倒入大缸、木桶中施茶给百姓，后来这场瘟疫就这样平息下来了。叶法善因此被松阳人奉为济世救俗的"叶天师"，这种能治病消灾的茶也就演变成了端午茶，法善施茶的故事也流传至今。

在江西，端午时节敬奉祖先，都要在祖宗牌位或已故亲人遗像前的供桌上，恭敬地点燃一炉香，供上一碗茶，作揖祈祷，求祖宗、先人保佑全家幸福安康。江西民间还有正午到野外采撷百草为茶，晾干存放在家中，常年备饮的习俗，以防病健身、辟秽驱邪，称"午时茶"。一般伤风感冒等寒暑时疾，抓一把午时茶熬水喝，很快就见效。

在江西省上犹县，还有端午节送"龙舟茶"的习俗。送"龙舟茶"，就是从去年龙舟活动结束后到今年龙舟活动开始前，家里添了男丁（生了男孩）的，都会给本族的龙舟送茶。"龙舟茶"

主要包括客家米酒、红蛋、粽子、烫皮、花生、茶水等。送“龙舟茶”活动，一般都在端午前的龙舟训练期间进行。因为送茶的户数较多，往往是一天同时安排几户人家送。

送“龙舟茶”以祭祀活动贯穿全过程：一是祠堂祭祖。一家人带着小孩到祠堂祭祖，感谢祖宗在天之灵，祈求祖宗保佑。祭祖仪式后，送茶的队伍向江边龙舟训练的地方出发。孩子的母亲一手抱着小孩，一手执旗走在队伍的最前面。家里人用箩筐挑上送茶的物品，随后是鼓乐队，一路鼓乐喧天，鞭炮齐鸣。二是祭祀神灵。到达江边，先敬河神，一般用一对蜡烛、三炷香，再烧三张纸钱，然后杀一只雄鸡祭龙头。三是敬龙神。将粽子、红蛋等抛向江中，让各路神仙共同分享。

婚恋用茶

在中国的婚嫁习俗中，茶叶扮演着一个重要的角色，各民族婚俗的许多礼仪与茶结下了不解之缘。文成公主入藏的时候，陪嫁的礼品中就有茶叶。吴自牧在《梦粱录》中记载，南宋时，杭州富裕之家就已经以珠翠、首饰、金器、销金裙褶及缎匹茶饼，加以双羊牵送，作为行聘之礼。到了明代，以茶定亲行聘之俗，更是得到了进一步的肯定。郎瑛在《七修类稿》中说：“种茶下籽，不可移植，移植则不复生也，故女子受聘，谓之吃茶。又聘以茶为礼者，见其从一之义。”明朝许次纾的《茶疏》中写道：“茶不移本，植必子生。古人结婚必以茶为礼，取其不移植子之意也。”从唐代将茶作为高贵福特伴随女子出嫁，到宋代的“吃茶”订婚，以后“吃茶”又成为男女求爱的别称，茶和婚姻的关系越来越密切，成为婚俗中不可缺少的内容。

茶在民间婚俗中历来是“纯洁、坚定、多子多福”的象征。因茶性最洁，可示爱情“冰清玉洁”；茶树多籽，可象征子孙“绵延繁盛”；茶树又四季常青，以茶行聘寓意爱情“坚贞不移”，又寓意爱情“永世常青”、祝福新人“相敬如宾”“白头偕老”。所以，茶成了男子向女子求婚的聘礼，称为“下茶”“定茶”，而女方受聘茶礼，则称“受茶”“吃茶”。世代流传男女订婚，要以茶为礼，茶礼成为男女之间确立婚姻关系的重要形式。敬茶礼成，婚姻关系就确定，如果女子再受聘他人，就会被世人斥责为吃两家茶，为世人不齿，因此民间有“好女不吃两家茶”之说。

目前，我国部分地区仍然将订婚、结婚称之为“受茶”“吃茶”，把订婚的定金称为“茶金”，把彩礼称为“茶礼”，甚至还保有“三茶六礼”（三茶指订婚时的“下茶”，结婚时的“定茶”和同房时的“合茶”；六礼指由求婚至完婚的整个结婚过程，即婚姻据以成立的纳采、问名、纳吉、纳征、请期、亲迎六种仪式）的习俗。

相亲用茶

一般来说，茶叶与婚俗有关开始于行聘（行聘是指旧俗订婚时，男方向女方下定礼）。《听雨丛谈》有云：“今婚礼行聘，以茶叶为币，满汉之俗皆然，且非正室不用。”

青海地区有“走茶包”的风俗，凡是提亲说媒的，媒人必定要带上红纸包的茶叶包儿，到女方家求亲，叫作“提话茶包”。如果女方认为媒人介绍的情况可以考虑，则由媒人送去正式的茶叶包若干份，分别送给女方的主要亲属，如舅舅、伯父、叔叔等，这叫“二回茶包”。若女方同意，则送去“三回茶包”，用红纸包成两大包，并用红丝线连在一起，外贴喜字，其中还包有桂圆、核桃、红枣等，又叫“桃果茶包”。这就意味着这门婚事有一个美满的结果。

在江西遂川县，客家青年谈对象，介绍人引荐双方见面，常常到茶店中去，茶资归男方支付。此时必须要六样茶点，每样称六两，意为“六六大顺”。

在江西修水县，媒人带男方去女方家相亲，女方泡上几碗茶用茶盘端出来，这第一碗是见面礼节。如果女方不同意，就不再上第二碗茶。如果女方同意，就上第二碗茶；这时，如果男方不同意，就不再吃茶，便告辞回去。如果男女双方都同意，当女方端出第二碗茶时，男方就将用红纸包好的茶盘礼放在茶盘上，俗称“压茶盘”，接着男女双方的话题也就转入结亲事宜了。

订婚用茶

旧时汉族男女订婚，男方家聘礼多必备有茶，女方家接聘名为“接茶”，订婚酒宴也称之为“接茶酒”。浙江嘉兴一带，订婚时女方受礼（受茶）后，就不可再许配给他人。湖北省黄陂、孝感等地流行“行茶”，当男女双方缔结婚姻时，男方备办的各项礼品中，茶和盐是必备的。因为，茶是产自山上的，盐是出自海中的，名为“山茗海沙”，与当地方言“山盟海誓”谐音。

在贵州镇远报京，侗族青年“讨篮”定情后，未婚男女双方的爱情日趋成熟，准备订婚。男方家要请一位熟识的老奶奶或者老伯妈当“红娘”，去女家说媒，征求姑娘父母的同意。媒人前去说媒所带的礼物很简单，就是用一张棕片包着两样东西，黄草纸包装的半斤盐巴和白皮纸包装的二两茶叶。女方家父母见媒人送来这个“棕片包”，就知道是来说亲的。媒人和女方家当场交换意见后，女方家用收礼烧茶与否来表示同意或不同意这门亲事。

女方家收下“棕片包”，并且用盐、茶、糯米面、黏米面、猪油等烧成油茶，端进堂屋敬奉祖先后，招待媒人，表示说媒成功。如果女方家不收这份“棕片包”，退还给媒人，则表示女方家不同意这门亲事。侗家之所以用盐、茶两样作为说媒的信物，是因为他们喜欢烧油茶待客。烧油茶所需的糯米、黏米、猪油，农家自己就地生产，可以自给，但镇远报京不产盐，也不出产茶叶，而且这里极为偏僻，交通不便，买盐巴和茶叶相当困难，因而盐巴和茶叶成了极为难得了贵重礼物。另外，茶叶是香甜味，意味着这门亲事又甜又香，两家结亲，甚为美好；盐巴是咸味，意味着要娶的姑娘很贤惠，男家很喜欢这个姑娘。

而在独龙族，如果某个小伙子看上了某个姑娘，就请本寨一个能说会道又有威望的已婚男子去说亲。这位媒人去时要提上一只茶壶，背上独龙族特有的五颜六色的袋子，袋子里装上茶叶、香烟和一个茶缸。到姑娘家后，不管她家的人是不是热情、打不打招呼，媒人都要以最麻利的动作，放下茶壶灌上水，到火塘边把火烧得大大的，架上三脚，放上茶壶，然后，从袋子里取出茶叶和茶缸，到姑娘家的碗架上找来碗，姑娘家有几个人就找几个碗，做好泡茶的准备。这时，姑娘家的人，不论是否同意或高兴，都会围到火塘边来。水一开，媒人在茶缸里泡上茶，稍一会儿，又把茶倒在碗里，按照先是姑娘的父母、后是姑娘的哥姐弟妹、最后是姑娘自己的顺序，每人跟前放一碗，接着就说起婚事。说的内容不外是小伙子如何心地好、有本领，小伙子的家里人如何喜欢姑娘，姑娘嫁过去不会受苦等。说到一定的时候，姑娘的父亲或母亲把茶水一饮而尽，姑娘和其他人也跟着喝了，这个亲事就算说成了。如果说到深夜，茶水不知换了多少次，还是没人喝；那第二天晚上再来，如果连续三个晚上仍然没人喝茶，说明姑娘家不同意这门亲事。

在浙江德清地区，男女双方确定婚姻关系后即举行定亲仪式，这时双方须互赠茶壶十二把并用红纸包花茶一包，分送各自亲戚，谓之“定亲茶”。

在我国青海一带的撒拉族，订婚礼品中也必须有茯茶。广西壮族男青年首次去女方家中相亲时，姑娘按当地风俗要给小伙子敬一杯茶，如果茶中有糖，说明姑娘看上了小伙子；如果是淡茶，则说明姑娘不同意这门婚事。广西一带的苗族小伙子去女方家里求婚时，姑娘也会十分客气地沏上一杯茶，如果茶水中有四片茶叶，说明姑娘对小伙子有意，如果茶杯中只有三片茶叶，则表示拒绝。

甘肃东乡族自治县的东乡族订婚礼品中也必须有茯茶两盒。广河、和政等地男方家请媒人到女方家说亲，应允后，男方送给女方一件衣料、几包细茶，就算定亲了，称为“定茶”。此外，还要给女方家族成员每家送一份礼，如果家族比较大，则以一份“总茶”送给某一户，表示给每个女方家族成员都送了礼，以示尊重。家族中如下次遇到议亲之事，则由另一户代为受礼，即家族各户轮流接受总茶，以示允婚。

江西各地都有定亲用茶这方面的记载，“行聘必以茶叶，曰‘下茶’”（清·同治《湖口县志》）；“行聘时，男家具饼、茶叶、酒、猪、鸡、鱼必足”（民国《赣县新志稿》）；“先期数月，预行聘礼，其仪物多寡，视贫富为增减。唯内用春茗一盆，取其得春气最早，示女归及时之义。女家回盒，用谷种数升，取其发生无穷，有养人之义”（民国《瑞金县志稿》）；“男家备长庚，钱二千并仪物、首饰、衣服、香茗等件，名曰‘下茶’”（清·同治《会昌县志》）。有的订婚时虽然不送茶叶，但也以茶为名，“将婚，

男氏具书及饼、饵、鱼、肉、币、帛、衣、钗等物送至女家，俗云‘过茶’”（民国《上犹县志》）。还有的将男女双方议立记载聘礼与嫁妆的品种与数量的礼单，叫作“立茶单”或“写茶单”。茶单议立后，就意味着初步建立了姻亲关系，双方即改口称呼。

在遂川县，还有送茶包的习俗。订婚这天，男方代表五至九人前往女方家，女方“客娘”要一一敬茶待客。当“客娘”敬茶到“后生”手中时，“后生”喝完这杯茶随即要把预先包好的“见面礼”红包放在茶杯内，后将茶杯送回“客娘”手中。“见面礼”茶包的数额多少，视男方家经济条件和大方情况而定，少则几元至几十元，多则百元以上，但数字要求逢九。由于江西素有重视人品的风气，也有的“纳采、行聘，一茶一果，俱辞不受”，却特别看重个人的品貌和才学，“然专尚择婿，首重儒生。祈名之初，必问曰：‘郎君读书否？曾入学否？’斯风俗之最美者。以故，父兄每勤于延师，子弟亦勉于向学矣”（清·康熙《赣县志》）。

在贵溪，还有定亲“传茶”的习俗。在贵溪当地婚俗中，男女定亲有一道重要的程序——“看主家”。男女双方初步确定意向后，经得男方同意，女方父母择吉日带领女儿、亲戚到男方家里拜访。男方不仅要放鞭炮迎接，还要准备糖果、糕点摆放在拼拢的几张饭桌上，双方父母和亲戚依次而坐，商议婚事。

女方来者一般少则三五人，多则一两桌。男方家的邻里得知这一“喜讯”后，会用一个大红木盒，将各家的粉干、面条、菜干等佐茶果品，纷纷传送至男方家中，俗称“传茶”。

从参与“传茶”的邻居数量便可看出男方家的社会地位与人际关系。往往参与“传茶”的邻居人数越多，女方越中意，婚事也就越容易谈成。“传茶”者一多，男方家还得将几张方桌拼在一起，一字排开，用于摆放邻居们传来的茶点。桌上的食品代表了邻里的热情，也表达了他们对于男方家喜事将近的美好祝愿。

女方家的邻里也毫不逊色，看到至亲或邻里的闺女将要出嫁了，纷纷向其表达不舍之情，左邻右舍都会争相去请未来的“新娘”到家中吃“出轿茶”。

婚礼用茶

茶在迎亲队伍一路行进过程中也是必不可少的，青海、甘肃等地的撒拉族有“敬新茶”习俗。当迎亲队伍途经每个村庄时，曾与新娘同村而已经出嫁到这些村庄的女人们，会端出熬好的茯茶，盛情招待新娘及迎亲者，表示对新娘的热情迎送。

而在四川阿坝地区的羌族的迎亲路上，迎亲队伍每经过一个村寨，都要鸣放礼炮三声，村寨中的男女老少都会出来看热闹。这时，送亲和迎亲的队伍都要暂时停下来，男女双方的亲戚要拿出事先准备好的糖和茶水招待送亲和迎亲的人。饮过茶，吃过糖，才能继续前行。就这样，村村寨寨吃一遍茶，即使走上十个八个村寨，都要停下来吃茶，一个也不能少。沿途茶吃够了，新娘才能娶到家。

福建地区的畲族有“喝宝塔茶”的结婚礼仪。结婚之日，男方派一个善歌者为迎亲伯，携带礼品同轿夫四人抬花轿去女方家娶亲。女方家见花轿至，即鸣炮三响，开门迎客。新娘的阿嫂用红漆樟木八角茶盘，端出五碗“清明茶”，叠成宝塔形状（茶三层，上下两层各一个碗，中层三个碗），唱歌问话。迎亲伯以歌对答后，用嘴咬住“宝塔”顶上的一碗茶，双手抢下中层的三碗茶，分别递与四位轿夫，自己则一口气饮干顶上那碗茶，取“清水泡茶甜如蜜”之意。如果迎亲伯卸不下宝塔茶，就会受到女方家众人的奚落。

湖南人、广东客家人一些地区流行“闹洞房喝擂茶”的习惯，制作擂茶的工具称为“擂茶三宝”。新婚之夜，当洞房闹至高潮时，大家便嚷叫着要新娘新郎亲自打擂茶待客。此时大嫂们打打闹闹地把擂捶塞进新郎手中，大家又喊叫“公爹”（新郎的父亲）把茶叶、红枣、芝麻、生姜等放入钵内，让新娘端着“擂钵”。小伙子们七手八脚拥着新郎用擂捶到擂钵里去捣，新郎新娘在众人的推搡下擂捶擂钵难以配合。嬉闹一阵之后，新郎母亲便会出面把擂钵拿进厨房，继续将擂茶加工好，然后端进洞房内，让闹洞房的人们畅快地饮用一番。

在云南南部一些地区，青年男女举行婚礼，都必须共饮一杯茶，称为合杯茶。合杯茶以普洱茶泡在的红艳茶汤，象征嘉庆吉祥，喻义夫妻恩爱、同甘共苦、相互忠诚、白头偕老。而在湖南省北部，新婚夫妇拜堂成亲入洞房前喝交杯茶。交杯茶用小茶盅，茶水为煎熬的红色浓汁，要求不烫也不凉。由男方家的姑娘或姐嫂用四方茶盘盛两盅，双手献给新郎新娘，新郎新娘都用右手端茶，手腕相互挽绕，一饮而尽，不能洒漏汤水。交杯酒象征着夫妻恩爱，家庭美满。

江西婺源一带还流行“新娘茶”。姑娘出嫁前用红丝线把翠绿的嫩茶芽扎成绚丽的“花朵”。出嫁那天，新娘用开水冲泡这朵“茶花”，分别敬给公婆和宾客。亲友们，尤其是妇女们，都围住这朵“茶花”来品评新娘的手艺，而碧绿清新、芳香四溢的“茶花”又象征着新婚夫妇的美好青春和幸福的家庭生活。同时，新娘还要亲自用铜壶烧水，按辈分大小依次给亲朋宾客沏上一杯香茶，亲友们一边品尝着“新娘茶”，一边拉家常，热闹非凡，祝贺新婚愉快、生活美满。

在修水，有夫妻喝交杯茶的习俗。拜堂之后，夫妻双方由媒人牵入洞房，新郎、新娘坐在床沿，媒人用贴好红喜字的两只茶杯盛入宁红茶，冲泡后各传一杯，夫妻碰杯后饮一口，互相交杯，再把茶喝完。表示夫妻双方互敬互爱，天长地久，白头偕老。

定亲之后，男女两家便开始为筹办婚礼忙碌起来。迎娶之日，花轿到女家后，媒人、乐手等稍事休息并用过茶点后，乐队随即吹奏起来催请新娘上轿。接着，侍娘走到轿前，手握米、茶叶撒向轿顶，意为驱逐邪祟。拜堂、喝交杯酒之后，南城县一带要“揭席，郎与女堂前交拜，姑或祖姑为妇去花头，揭首帕，伺以茶果，谓之‘拜茶’”（清·同治《南城县志》）。然后，侍娘引新娘入洞房，闹洞房时，有的地方新娘要给闹洞房的亲朋好友敬茶。

婚后用茶

在上海青浦地区青年男女举行婚礼后的第二天清早有吃喜茶的习俗。喝茶前，左邻右舍的来客们总要先入新婚房观看一下陈设，并向新婚夫妇说上几句吉祥如意的话，然后，由新娘引领来宾入席就座。喝茶时，主人家要为每位茶客端上一碟由女方家人带来的茶点（其中有红皮甘蔗、红枣、桂圆、胡桃、糖块等）。客人到齐后，新娘拎起盛满开水的茶壶，在婆婆的引领下，逐个地为每位茶客敬茶一次。

云南大理白族，新娘过门后第一天，新郎新娘早晨起来后，先向亲戚长辈敬茶、敬酒，接着是拜父母、祖宗，然后夫妻共吃团圆饭。

而在陕西省巴山地区，结婚次日清晨，新娘要摆出嫁妆菜，沏上巴山香茶，请来宾、双方亲属围桌而坐，品菜喝茶，并唱喜歌助兴。

在湖北一些地方，结婚后新娘用娘家带来的“陪嫁茶”请全

村妇女集体喝“结伙茶”。这样做的用意是新娘用茶与全村妇女逐个结识，以示从此以后加入她们的行列，成为今后共同生活的伙伴。喝“结伙茶”时，全村妇女不论老幼，齐聚一堂，主人家烧开数锅水，在堂屋中摆放一溜的大茶缸或茶桶，放上茶叶，然后依次加入事先炒熟的米花、豆类或花生米，炸熟的芝麻，煮好的玉笋，冲泡上滚烫的水，注入川芎汁，最后放一些盐。一切调好后，堂屋中顿时茶香四溢。在满屋的欢声笑语中，由婆婆掌勺斟茶，新娘用茶碗敬送到每位妇女手中，恭请喝茶。

结婚后的第二天清晨，江西各地都有由新娘敬茶的习俗。不过有的只敬公婆，有的除了敬公婆外，还要敬家族中的其他人以及远道而来参加婚礼的亲戚，还有的要挨家挨户敬茶，拜叩亲友邻里，如“合卺之明日，新妇冠帔立堂阶，使老妪捧瓯执壶侍，瓯中置枣栗，佐以匙，请舅姑诸尊长立堂上，妇捧茶瓯三献，舅姑诸尊长咸答礼。妇以瓯陪立而不饮，俟舅姑诸尊长饮毕，然后退”（清·同治《铅山县志》），新婚“次日，拜祖先，即古庙见礼；次拜翁姑、尊长及媒氏。新姻叙见卑幼，谓之‘拜茶’”（民国《昭萍志略》）。

结婚三天之后，新娘要下厨房烧茶做饭，“新妇是日辰早入厨，捧茶果登堂奉舅姑，唯谨”（清·同治《乐平县志》）；或是“女入厨下作茶汤，以母家所赠果类遍饷宗亲”（民国《弋阳县志》）；还有的新婚“三日，婿导新妇入厨下，亦鼓乐。婿遣人请女家会亲，不至，则饷以筵席，谓之‘新人茶饭’”（清·同治《宜黄县志》）；或是“三日庙见……族房皆贺，随答谢茶果酒”（清·同治《新喻县志》）；这些，都离不开清香的茶叶。

婺源茶区还有请“新郎茶”的习俗。新婚头一年，老丈人家的亲戚、好友和邻里，都要在来年农历正月“接新郎官”（俗称接新客）。“接新客”那天要将珍藏好的上一年好茶每人沏上一杯，边喝茶、边叙谈、边吃糕点，待茶过三巡，酒菜才上桌，先敬“新郎官”一杯，然后互相敬酒。按当地乡风，“新郎官”这天喝醉了，主人才高兴，但慈爱的丈母娘却怕女婿贪杯，让新婚妻子沏上一杯浓茶递给丈夫，以解酒防醉。这种以茶传情、新婚夫妇相互关心体贴的举动是婺源茶乡的传统美德。

离婚茶

云南凤庆县有一种喝“离婚茶”的习俗，这种茶也叫“好说好散茶”。离婚的双方选择一个好日子，提着两包茶叶到村里一位老长辈家去，谁先提出离婚就由谁负责摆好茶席，请亲朋好友围坐，这时，长辈会亲自泡好一壶“春尖”茶，递给即将离婚的男女，让他们喝下。

第一杯茶，如果男女双方都不喝完，则证明婚姻生活还有余地；如果喝得干脆，则说明要继续生活的可能性就很小。

第二杯茶，是泡了米花的甜茶，据说是长辈念了 72 遍的祝福咒语，能让人回心转意，从此和睦。如果还是被男女双方喝得见杯底的话，那就继续喝第三杯。

第三杯茶，是祝福茶，在座的亲朋好友都要喝，不苦不甜。这杯茶的寓意是，从今以后离了婚的双方各奔前程，是苦是甜，由双方自己选择。喝光了这三杯茶，主持的长辈便唱起一支古老的茶歌，旋律婉转，让人心伤，大意是这样的：合婚五彩斑斓，离婚天地荒凉，茶树上两只小鸟，从此分离，人世间一对夫妻，从此无双。如果男女双方此刻心生悔意，握手言和，便要再喝三杯茶，以表示重归和好，白头偕老。

在贵州侗族，有一种“退茶”即意味着退婚的习俗。姑娘如

果对父母包办的婚姻不满意，不愿出嫁，就悄悄地用纸包一包茶叶，选择一个适当的机会亲自送到男方家中，对男方的父母说："舅舅、舅娘，我没有福分来服侍两位老人家，请另找好媳妇吧！"说完，就把茶叶放在堂屋的桌子上，转身就走。这门亲事就从"退茶"开始退掉了。退茶后，父母免不了责骂女儿，但过后女方家长还是会正式去男方办理具体退婚手续。

祭祀供茶

无论是古代还是当今社会，祭奠都是一种重要的礼制和生活内容。一般情况下，祭奠的食物主要为牛羊等家畜、五谷杂粮以及酒品。但在我国大部分地区，仍然保存着以茶祭奠祖宗、神灵等的古老习俗。

我国以茶为祭，大致是两晋以后才逐渐兴起的。用茶为祭的正式记载，是南北朝时期萧子显撰写的《南齐书》，该书的《武帝本纪》记载：齐武帝萧颐永明十一年在遗诏中称："我灵上慎勿以牲为祭，唯设饼果、茶饮、干饭、酒脯而已。"《异苑》中记有这样一则传说：剡县陈务妻，年轻时和两个儿子寡居。她好饮茶，院子里面有一座古坟，每次饮茶时，都要先在坟前浇点茶奠祭一下。两个儿子很讨厌，说古坟知道什么，白费心思，要把坟挖掉，母亲苦苦劝说才止住。一天夜里，得一梦，见一人说："我埋在这里三百多年了，你两个儿子屡欲毁坟，蒙你保护，又赐我好茶，我虽已是地下朽骨，但不能忘记，稍作酬报。"天亮，在院子中发现有十万钱，看钱似在地下埋了很久，但穿的绳子是新的。母亲把这事告诉两个儿子，两个儿子很惭愧，自此祭祷更勤。通过这则故事可以看出，在南北朝时茶叶开始广泛地用于各种祭祀活动了。

“以茶为祭”是我国民俗文化的重要组成部分。上到王公贵族，下至平民百姓，在祭祀中都离不开清香芬芳的茶叶。茶作为祭奠的物品，可祭天、祭地、祭祖、祭佛。人们以茶祭神灵，祈求平安喜乐；以茶祭祖，寄托后人的思念。在古代，以茶作祭，一般有三种形式：一种是在茶碗中注入茶水，以茶水为祭；一种是放置干茶，以干茶为祭；一种是放置茶壶、茶盅作为象征，以茶具为祭。

当然，还有把茶叶作为随葬品的。从长沙马王堆西汉古墓的发掘中发现，我国早在2100多年前就将茶叶作为随葬物品。因为古人认为茶叶有“洁净、干燥”作用，茶叶随葬有利于消除墓穴异味和保存遗体。

在江西民间，“无茶不成祭”的观念曾深深地刻印在人们的脑海当中。目前，江西有的地方还保留着以茶祭祀的风俗，用茶来祭典神灵、祭奉祖先和祭奠死者。

用茶祭典神灵

在我国，以茶敬神的习俗由来已久，据《仪礼·既夕》记载：“礼茵著，用茶实绥泽焉”，意思是茶可用作婚姻的聘礼和祭祀的供品。

用茶祭神，一般来说，先将名贵茶叶献于神像前，请神享受茶之清香，再由主祭人庄重地调茶，包括烧水、冲沏、接献等，以示敬意。祭祀结束后，再将茶水洒向大地，以告慰神灵，祈求平安喜乐。

在湖南湘西，苗族有祭茶神的习俗。相传此神是主司人们眼睛明亮的保护之神，苗家人凡患眼腐，用药治疗无效者，即祭神以禳解之。祭祀分为三种：早晨祭早茶神，正午祭日茶神，夜晚

祭晚茶神。祭品以茶为主，辅以纸钱、米粑等物。早茶神祭法：用细木一根，燃其一端以当香烛，置于地，再用簸箕一只，内置茶五碗、米粑五堆、纸钱五叠（也有祭以茶与豆腐的）。巫师穿上服装，持师刀、篓子，蹲于簸箕前，念咒占卜，斟茶向神说明祭祀缘由。如占卜得吉，则再斟茶一杯，并向杯中念咒，咒毕，用杯中茶擦患者眼，然后烧纸送神。日茶神和晚茶神的祭祀与此相同，只是祭晚茶神时，须熄灭所有灯火。

江西许多地方至今仍保留着用茶祭祀神灵的风俗。人们认为神灵也像常人一样有喝茶的习俗。在庙宇跪拜神像，或居家祭拜神仙时，江西民间都喜欢斟上茶汤。敬神要用“细茶”，民间认为是一种最大的虔诚；敬神后的细茶，又成了福佑安康的“神物”。据胡朴安的《中华全国风俗志》记载，江西德安杨泗菩萨晒袍的风俗中就有用茶祭拜神灵的情景。在德安，阴历六月初六俗传为杨泗菩萨之诞辰，杨泗菩萨那天要晒袍。家家户户的妇女及儿童，穿着新衣来迎接杨泗菩萨，必须恭恭敬敬，不敢说一句笑谈；如敢有说笑谈，菩萨就会降灾到他身上。另外，还必须把杨泗菩萨从此屋搬到彼屋，叫过案。所供奉的祭品，有发粑、细茶、猪肉。供过以后，便将物品分给儿童，杨泗菩萨就会保佑人们身体健康。

用茶祭奉祖先

茶叶是圣洁之物，膜拜神祇、供奉佛祖、追思先人，献上清茶一杯，表达的是无限的敬意。人们以茶祭神灵，祈求平安喜乐。以茶祭祖先，寄托后人深深的思念。

茶在宫廷中最初的用途是以茶献祭。古人认为茶是洁品，可以祛秽除恶，能净化人与鬼神的神秘关系，带给自己福宁康安。

又认为茶是圣物，为仙家所喜好，故用茶来祭神灵和先祖。祭祀祖先用茶叶，既是为了慰藉长辈在天之灵，也是源于阴魂犹如在凡间一样仍要饮茶的观念。

每逢春节、端阳、中秋等传统节日，江西人在敬奉祖先时，都要在祖宗牌位或已故亲人的遗像前的供桌上，恭敬地点燃一炉香，供上一碗茶，作揖祈祷，祈求祖宗、先人保佑全家康泰幸福。

除夕夜的年夜饭前，祭祀祖先更是少不了香茶。人们先将煮熟的全鸡、全鸭、全鱼分别装入盘中，每样贴上小红纸图案，并备好清茶一杯、美酒一杯、斋饭一碗，然后点燃红喜烛，燃放爆竹，由家庭主要成员开始在正厅堂上祭祖，然后全家男女老少围桌入席。

清明扫墓，在父母坟前叩祭时，要在坟头撒一些茶叶，表示报答父母的养育之恩，犹如茶叶的芳香永远铭记在子孙心中。在修水县，人们还要把祭奉过祖先的茶让全家大小每人喝上一些，认为敬神后的茶能够消除病痛，保佑家人健康。

用茶祭奠死者

自古以来，我国都有在死者手中放置一包茶叶的习俗。像安徽寿县地区，人们认为人死后必经“孟婆桥”喝“迷魂汤”，所以在入殓时，须用茶叶一包，并拌以土灰置于死者手中，这样死者的灵魂过“孟婆桥”时即可以不饮迷魂汤了。而浙江地区为让死者不饮迷魂汤（又称“孟婆汤”），除了让死者临终前日衔银锭外，要先用甘露叶做成一菱形状的附葬品（模拟“水红菱”），再在死者手中置茶叶一包。认为死者有此两物，死后如口渴，有甘露、红菱，即可不饮迷魂汤。

茶在我国的丧葬习俗中，还是重要的“信物”。在湖南地区，

旧时盛行棺木葬时，死者的枕头要用茶叶作为填充料，称为“茶叶枕头”。茶叶枕头的枕套用白布制作，呈三角形，内部用茶叶填充（大多用粗茶叶）。死者枕茶叶枕头的寓意：一是死者至阴曹地府要喝茶时，可随时“取出泡茶”；二是茶叶放置棺木内，可消除异味。在江苏的有些地区，在死者入殓时，先在棺材底撒上一层茶叶、米粒。至出殡盖棺时再撒上一层茶叶、米粒，其用意主要是起干燥、除味作用，有利于遗体的保存。

在福建福安地区有悬挂“龙籽袋”的习俗。在福安地区，凡家中有人亡故，都得请风水先生看风水，选择“宝地”后再挖穴埋葬。在棺木入穴前，由风水先生在地穴里铺上地毯，口中则念念有词。这时香火缭绕，鞭炮声起，风水先生就将一把把茶叶、豆子、谷子、芝麻及竹钉、钱币等撒在穴中的地毯上，再由亡者家属将撒在地毯上的东西收集起来，用布袋装好，封好口，悬挂在家中楼梁式木仓内长久保存，名“龙籽袋”。“龙籽袋”象征着死者留给家属的“财富”，其寓意是，茶叶历来是吉祥之物，能“驱妖除魔”，并保佑死者的子孙“消灾祛病”“人丁兴旺”；豆和谷子等则象征后代“五谷丰登”“六畜兴旺”；钱币等则示后代子孙享有“金银钱物”“财源广进”“吃穿不愁”。

江西民间的丧葬礼俗用茶方面，也有许多讲究。人死后，“含尸金银币外，兼用茶叶米”。相传，在婺源的丧葬风俗就有，死者口渴了，若是其向奈河桥下的孟婆乞讨喝汤，就会把在阳间的事情都忘记，连亲友都无法辨认出来。因此，人去世后，需要停尸数日，同时要在房内、堂前各放一碗茶水。又如，次朝夕奠，“就灵堂设奠，焚香、斟酒、点茶……唁出，丧主哭入，司宾筵客待茶”（民国《安义县志》稿本）；“每逢七，亲戚轮送楮镪纸衣，供馔茶点，以七七为度”（清·同治《会昌县志》）。

在修水县，人死后要在棺木里放置一小包宁红茶，称之为“天堂茶”，表示亡灵喝了茶之后，能步入天堂，以免误入地狱。在当地还有呼亡人回家喝茶的风俗。人死后，要在家搁三天，死者家中的主要亲属及亲朋、乡邻、街坊，在悼念死者之后，有人专门焚香，并对着棺木呼唤：“某某啊，回来喝茶啊！”同时，在死者家门口放有一杯茶，第二天清早，亲人会看茶水是否少了。这一茶俗，虽然有着浓厚的封建迷信色彩，却表达了生者对死者的哀思。

日常饮茶

随着饮茶习俗的历史演变，日常的饮茶习俗渐渐变得越来越具有艺术性。对于茶，人们就有了许多约定俗成的讲究。在江西的许多地区，人们有早起饮茶习惯，家庭主妇每天早晨起床就要煮茶汤。江西人虽然嗜好饮茶，却往往奉行俭朴的生活原则。例如，在民国《吉安县志》中是这样记载的：“人多饮水，即有茶，其叶粗，盖土产无佳品。若龙井、香片、珠兰、毛尖、六峒、普洱，皆来自他省，家非素封，莫敢购也。”

北京大碗茶

喝大碗茶的习俗，主要流行于老北京，当时在车船码头、道路两旁、车间工地、家居农舍都随处可见。据金受申的《老北京的生活》记载，旧时北京人喝茶，“茶具不厌其大，壶盛十斗，碗可盛饭，煮水必令大沸，提壶浇地听其声有‘噗’音，方认为是开水，茶叶则求其有色、味苦，稍进焉者，不过求其有鲜茉莉花而已”。

大碗茶多用大壶冲泡或大桶装茶，大碗畅饮，热气腾腾，提神解渴，好生自在。无须做作的喝茶方式，虽然比较粗犷，颇有“野味”，但它随意且价廉物美，自然受到百姓的欢迎。

一般喝大碗茶的场所比较简单，不用楼、堂、馆、所，摆设也很简便，一张桌子，几张条木凳，茶具则更不讲究，一把大茶壶，两只大木桶，几只粗瓷大碗即可。因此，大碗茶通常是在门前屋檐下，或搭个简易棚，以茶摊或茶亭的形式出现，主要为过往客人解渴小憩。

大碗茶由于贴近社会、贴近生活、贴近百姓，自然为人们所称道和喜爱。即使在生活条件不断改善的今天，大碗茶仍然不失为一种重要的饮茶方式。

广东“叹茶”

广州人把饮茶称为“叹茶”（即享受之意），至今仍流传着“叹一盅两件”（即享受一盅香茶、两件点心之意）的口头禅。早上九十点钟光景，广州人去茶楼“叹茶”是独特的生活情趣。

据说广州人喝早茶的风气从清代兴起，当时有一种叫“二厘馆”的小茶馆，虽然设备简陋，但是可以为来往行人提供可以歇脚吃点心的场所。后来规模逐渐扩大成为茶楼，广州人便习惯于上茶楼喝早茶，喝早茶成了一种生活习惯。

当时，广州人饮茶多是“一盅两件”。所谓“一盅”，就是一个铁嘴茶壶配一个瓦茶盅，壶里多放些粗枝大叶的茶，茶叶苦涩而没有香气，但可提神和冲洗肠胃。茶客中流行着“清早一杯茶，不用请医家，也能通坑渠”，也就是所谓可以清肠胃。所谓“两件”，多是粗糙的松糕、芋头糕、萝卜糕之类，虽然不怎么可口，但可以填肚子，干粗活的劳动人民颇觉实惠。

如今，在广州喝早茶更被视作一种交际的方式，无论是朋友聚会、生意洽谈，又或是休闲消遣，人们都习惯到茶楼。边吃边聊，既享受了美食、联络了感情，又交流了信息，甚至还能顺便谈成一桩生意。正因如此，广州人也把喝茶称为“叹茶”，“叹”即为享受的意思。

潮汕“工夫茶”

喝工夫茶是广东潮汕人一项日常生活中最平常不过的事了，饭后或者客人来访、好友相见，都是以一壶茶来陪衬的。

“工夫茶”并非一种茶叶或茶类的名字，而是一种泡茶的技法与茶具的结合。之所以叫工夫茶，是因为这种泡茶的方式极为讲究，操作起来需要一定的工夫和特有的茶具，此工夫，乃为沏泡时的学问、品饮的工夫。工夫茶起源于宋代，在广东的潮汕地区及福建的漳州、泉州一带最为盛行，乃唐宋以来品茶艺术的承袭和深入发展。苏辙有诗曰：“闽中茶品天下高，倾身事茶不知劳。”

品工夫茶是潮汕地区很出名的风俗之一。在潮汕本地，家家户户都有工夫茶具，每天必定要喝上几轮。即使侨居外地或移民海外的潮州人，也仍然保持着品工夫茶这个习惯。潮汕工夫茶是潮汕饮食民俗最具特色的一种。张华云先生曾作《潮汕工夫茶歌》一首云：“闽粤地相接，姻娅不断绝。五娘适陈三，荔枝为作伐。山水相连系，名茶并英发。饶平岭头白，溪茗铁观音。嫩芽化畬粉，条索窈窕褐。一斤四十泡，三杯无余缺。潮人无贵贱，嗜茶辄成癖。和爱精洁思，茶道无与敌。水火器烹饮，茶艺至精辟。薄锅沸清泉，泥炉炽榄核。罐推孟臣小，杯取若深洁。西湖处女泉，桑浦龙泉液。四指动飞轮，涤器净且热。柔条围细末，首冲去浮沫。关羽巡城流，韩信点兵滴。罐干茶云熟，饮尽不见屑。

一冲号为皮，流香四座溢。二三冲为肉，芬芳留齿颊。四冲已云极，清风生两腋。脑海骋奇思，胃肠清宿食。匪独疗干渴，夏兴冬不息。不可一日无，百邪俱辟易。潮人多远游，四海留踪迹。偶逢故乡人，同作他乡客。共品三两杯，互通乡消息。乡思起莼鲈，乡情如胶漆。因知工夫茶，最具凝聚力。昔人开其端，历代有增益。乃成茶文化，世世沐膏泽。”

四川盖碗茶

在汉民族居住的大部分地区都有喝盖碗茶的习俗，以中国的西南地区的一些大中城市，尤其是成都最为流行。盖碗茶盛于清代，如今在四川成都、云南昆明等地，成为当地茶楼、茶馆等的一种传统饮茶方法，一般家庭待客，也常用此法饮茶。

“盖碗茶”是成都最先发明的。相传是唐德宗建中年间由西川节度使崔宁在成都发明的。崔宁勤于政务、功于诗书，常常以茶会客。崔宁见使女送茶时，常因茶碗太烫而多有不便。于是他想出一个妙计，用蜡将茶碗固定在茶托上，这样一来茶碗里的水就不会溢出，后来这种茶具在民间流传开来。盖碗茶流传于民间后，更丰富了其内涵，形成了特殊的茶语。茶盖朝下靠茶托，意味着客人需要续水了；茶盖上放片树叶或其他小东西，意味着客人短时间离开，还是要回来喝茶的，不要把茶收走；茶盖朝上斜靠茶托，在古时意味着遇到了困难，想寻求本地帮会人的帮助；茶盖立起放在茶碗旁，这种放置方式一般都是熟人才会这样，意思是要赊账；茶盖朝上放进茶碗，表示自己喝完了要走了，可以收拾桌子了。

“盖碗茶”包括茶盖、茶碗、茶船子三部分，故称盖碗或三炮台。饮盖碗茶一般说来有五道程序：一是净具，用温水将茶碗、碗盖、碗托清洗干净。二是置茶，用盖碗茶饮茶，摄取的都是珍品茶，常见的有花茶、沱茶以及上等红茶、绿茶等，用量通常为3~5克。三是沏茶，一般用初沸开水冲茶冲水至茶碗口沿时，盖好碗盖，以待品饮。四是闻香，待冲泡5分钟左右，茶汁浸润茶汤时，则用右手提起茶托，左手掀盖，随即闻香舒腑。五是品饮，用左手握住碗托，右手提碗抵盖，倾碗将茶汤徐徐送入口中，品味润喉，提神消烦，真是别有一番风情。

昆明九道茶

昆明九道茶主要流行于云南昆明一带，多用于家庭接待宾客，又称“迎客茶”。泡九道茶一般以普洱茶最为常见，因饮茶有九道程序，故名“九道茶”。

第一道择茶，将准备的各种名茶让客人选用。

第二道温杯，以开水冲洗紫砂茶壶、茶杯等，以达到清洁消毒的目的。

第三道投茶，将客人选好的茶适量投入茶壶内。

第四道冲泡，就是将初沸的开水冲入壶中，如条件允许，用初沸的泉水冲泡味道更佳，一般开水冲到壶的三分之二处为宜。

第五道浸茶，将茶壶加盖5分钟，使水浸出物充分溶于水中。

第六道匀茶，再次向壶内注入开水，使茶水浓淡适宜。

第七道斟茶，将壶中茶水从左至右依次倒入杯中。

第八道敬茶，由小辈双手敬上，按长幼顺序依次敬茶。

第九道喝茶，九道茶一般是先闻茶香，再将茶水徐徐喝入口中细细品味，享受饮茶之乐。

徽州人“吃三茶”

安徽的徽州主要是如今安徽的绩溪、休宁、祁门、黄山一带，这里自古就是茶乡，当地人嗜好饮茶，形成了“吃三茶”的饮茶风俗。

“吃三茶”有两种含义：一是每天早、午、晚三次必须饮茶。徽州人每天都离不开茶，早晨起来洗漱后的第一件事就是饮上一杯热茶，这杯热茶会使人觉得浑身血脉通畅，茶香盈口，精神爽快。到了中午饭后，更是离不了茶。他们在中午饮的茶多为酽茶，有助于消化、健胃和去油腻。在劳碌了一天之后，晚饭后饮杯香茶有助于消除疲劳，品着香茶，觉得十分惬意和舒适。在冬日，全家人围着火盆，饮茶品茗，畅谈聊天，更是觉得畅快和喜悦。正是由于他们每日不离饮茶，所以当地有“饭可不食，茶不可少”的说法。

二是接待贵客的“吃三茶”。徽州人待人接物很讲究礼节，客人来了要上枣栗茶、鸡蛋茶和清茶三种茶。第一道是枣栗茶，这种茶不是用枣和板栗泡的茶，而是就着蜜枣和糖炒板栗吃茶；第二道是鸡蛋茶，就是用五香煮鸡蛋佐茶；第三道是清茶。

“吃三茶”不同于待客的就餐和饮茶解渴，重在品茶，讲究的是在很闲适的环境里优哉游哉地品茶。如今人们生活节奏快，没有太过多的时间和精力品茶，因而传统的“吃三茶”也只有在部分老年人中流行。

湖南姜盐豆子茶

姜盐豆子茶又称岳飞茶或六合茶，是用姜、盐、黄豆、芝麻、茶叶五种配料泡出来的茶，五味调和，香脆可口，不仅解渴充饥，还能驱寒祛湿，健胃强脾。姜盐豆子茶是湖南省汨罗、湘阴一带非常喜欢饮用的一种茶，也是他们用来待客的茶。

相传，南宋绍兴年间，岳飞被朝廷授予镇宁崇信军节度使，带领兵马南下，来到今汨罗市的营田镇，准备镇压杨幺领导的农民起义。岳飞所率的士兵多数来自中原地区，一到南方，水土不服，军营中胃胀、腹泻、厌食和乏力的病人日见增多，不仅影响了士兵的作战能力，也影响了士气。当地长者见状，携茶叶、姜、盐、豆子、芝麻进营，教以调治方法。岳飞服后，顿觉心舒心顺、满口生津，即命大锅煮茶，全军共喝。几天后，全军将士痊愈，一举歼灭杨幺。而这一食俗，在湘阴一带流传下来，直到今天。

在湖南，如果家里来了客人，主人就会给您送上一杯香味四溢的姜盐豆子茶，杯底上一层被水泡胀了的炒黄豆，软软的、黄黄的，颇吊人胃口。如果茶快见底了，主人会立即再斟上茶，如此一杯一杯地下来，杯底诱人的豆子是越积越多。

苏州香味茶

香味茶是苏州市吴江区震泽至浙江南浔一带爱喝的茶。这种茶是用晒干的胡萝卜干、青豆、橘子皮、炒熟的芝麻和新鲜的黑豆腐干，加少许绿茶叶放在茶杯里，用开水冲泡，盖上杯盖，闷几分钟即可。杯盖一掀开，一股沁人心脾的香味扑面而来，喝起来更是香醇浓郁、风味独特。香味茶色、香、味俱佳，品尝这样的茶真是一种妙不可言的享受。但是喝的时候，一定要先将佐料吃掉，然后再慢慢地喝茶，绝对不能吐掉，否则就是失礼的。

每逢佳节，泡沏香味茶时，加进去的佐料就更为讲究了。这时，晒干的胡萝卜干换成了烧熟的青竹笋，再加上一些糖桂花、糖浸橘皮、芝麻等，喝起来香喷喷、甜蜜蜜、咸滋滋，冲泡至第

二、第三回时，香味越来越浓，令人心旷神怡、回味无穷。

湖州“咸茶”

“咸茶”，是将茶叶、熏青豆、糖桂花、橙皮、芝麻、笋干、胡萝卜丝等，一起放在茶杯里，用开水冲泡而成的茶水。因茶中有一丝咸味，称之为“咸茶”。喝“咸茶”是浙江杭州、湖州、嘉兴一带的传统习俗，尤其以湖州最有特色。

“咸茶”冲泡的配料很是讲究，除了熏青豆、茶叶外，还有炒熟的白芝麻、胡萝卜丝、用盐腌制过的橘子皮等。冲入开水，一片片碧绿的茶叶舒展自如；熏青豆经开水浸泡后，发胖到仿佛刚从毛豆夹里剥出来似的；那一朵朵深黄色的桂花，像一朵朵多角形的微型海星；橘红色的橙皮与淡黄色的胡萝卜丝，错落有致地时沉时浮；一点一点白、一点一点黑的芝麻，均匀地洒落其间。

轻轻抿上一口，茶香中透着熏青豆的香味。咸茶冲泡三四次后，香味会越来越浓。茶叶的清香、橙皮的橘香、熏青豆的豆香、香萝卜丝的甜味、熏豆的咸味、茶叶的维辛，沁人心脾，令人齿颊留香。咸茶，不仅色、香、味俱佳，营养丰富，而且具有消食、开胃、通气之功效。

老南昌“茶铺”

据记载，南昌人摆茶铺，开茶庄，有近千年的历史。南昌人爱喝早茶，俗称“过早”，讲究清茶细点，以品茶为主，辅之以春卷、白糖糕、馓子、金线吊葫芦等传统风味小吃，顺带把早餐也解决了。

茶铺里面摆放的主要是八仙方桌和长板凳，每位茶客一套带碗盖、托碟的瓷茶碗和一双竹筷。大茶铺的炉灶一般在店堂中部，多的有10个烟孔，同时用10把锡茶壶烧开水。茶叶则由老板娘或老账房掌管，普通茶叶是香片，如要龙井、毛尖等高级茶叶则另加费。茶铺有规定，实行早、午、晚三巡，即过了午饭、晚饭时间，需要重新计价。

每天上午七八点钟，老茶客们就上茶铺来，他们一边喝茶，一边聊天，一边看戏，他们可以从早上一直泡到下午三四点，有的甚至泡到半夜。

当然，跑堂的伙计要有过硬的技巧。他们送茶时，一手提水壶，一手托茶盘，泡茶送点心一起上。泡茶时，一手揭开碗盖，一手冲茶，一冲即准，一准即满，不多不少，不会把开水滴洒在桌上。

老茶铺不仅是品茶的地方，也是观赏文娱演出的地方。茶客们一边喝茶，一边欣赏采茶戏、“一打三响”等民间说唱艺术。尤其是“一打三响”节目深受茶客们喜欢。演唱者往往是左手抱道情筒，并夹带一面钹，右手持一小棍棒，在拍打道情筒的同时，用棍棒敲打竹筒和钹，发出三种不同声响，吸引着茶客。

婺源“文士茶”

文士茶也称雅士茶，由古时文人雅士的饮茶习俗整理而来，属汉族盖碗泡法。

婺源素有“茶乡”“书乡”之称。古时婺源文人常聚一起写诗题词、品尝佳茗，好舞文弄墨的文人们由此衍生出一套讲究的文士茶艺。

婺源文士茶所用的茶具为青花梧桐滗盂、汤瓯、泥壶，茶叶为“婺绿茗眉”“灵岩剑峰”，水为廖公泉或廉泉之水。

第一道焚香：焚香供奉茶神陆羽，也表示对宾客的欢迎。

第二道涤器：须用热水将杯盏洗涤干净，先将杯轻荡三下，再缓缓淋盖，最后轻涮杯托。

第三道投茶：先将锡罐里的茶叶轻轻取出放在茶则中，然后再用竹勺分别慢慢投入杯中。投茶时，要遵照五行学说按金、木、水、火、土五个方位一一投入，不违背茶的圣洁特性，以祈求茶带给人类更多的幸福。

第四道：洗茶，向杯中倾入温度适当的 1/4 或 1/5 杯开水，然后提杯按逆时针方向转动数圈，尽快将水倒出，以免泡久了造成茶中养分流失。

第五道冲泡：要做到心神专注，动作行云流水，壶高水急，手法细腻，茶汤均匀。“凤凰三点头”：壶嘴三上三下，水柱银珠成链，不仅使杯中的茶叶上下翻滚，受热均匀，而且给人一种美的享受。

第六道奉茶：向客人敬献香茗，面带微笑，双手欠身奉茶。

婺源文士茶堪称中国儒家茶之代表，茶重形质，水选名泉，追求的是汤清、气清、心清、境雅、器雅、人雅的境界。

武宁“米炮茶”

在武宁，只要你进了门，主人必先奉茶一杯。茶有菊花茶、芝麻豆子茶、炒米茶、玉芦茶、薯砣茶等。

菊花茶用的是植于田边地畔茶园篱下的“茶菊”。寒露或者霜降期间，菊花盛开，农人将菊花采至家中，掐去花蒂、揉碎花瓣、洗净晾干，以盐渍之，装入罐中压紧封口，数日后便可用泡茶，储藏经年不坏。菊花茶有以单一的菊花入茶的，也有加入多种佐料的，较为普遍的是以橘皮洗净晾干，剪成细粒，再以芝麻相杂，与菊花一同盐渍储存，冲泡后杯中橙红与青白相间，色味俱全。

炒米茶俗称“米炮茶”，以糯米浸泡晾干，放入大锅内爆炒，加熟黄豆拌匀，饮时用温开水冲泡，放糖或放盐，既能充饥又能解渴。行旅客商或外出肄业多以此作干粮。平常家中也多有储藏，尤以新年前后为最，多以此茶待客。

薯砣茶为武宁特有。秋冬时节，山背人把地里红薯收回家，洗净切成小小四方块，或是鲜薯砣，或是晒干蒸熟又晒干储藏的干薯砣。煮熟后撒上熟芝麻、花生米，碗面上飘着几片茶叶，味道特别，是山背人待客的头道茶。

安福“表嫂茶”

地处赣中的安福县农村妇女喝茶花样很多，一辈子有喝不完的茶。孩子出生，要喝“毛毛茶”；孩子满月，要喝“百岁茶”；儿媳怀孕，要喝“好事茶”；当了奶奶，要喝“三代茶”……这些茶都是在特定环境、特定条件下喝的，而最为独特、人员最多、时间最长的，还是一年一度的“表嫂茶”。

“表嫂茶”，只供婆婆、妈妈、婶子、大嫂喝，她们都是名副其实的老表嫂。未出嫁的姑娘是没有资格参加的，至于男人们那就要靠边站了。

一年一度的“表嫂茶”，是从元宵节后开始的，以自然村或村民小组为单位。早饭过后，从村头第一家开始，一天喝一家，家家都要轮遍，一直喝到最后一家“洗碗茶”才告以结束。

表嫂们吃罢早饭，梳梳头，照照镜，拍拍身，门一关，大家不用请，不要邀，端起自家常用的大茶碗，带着身边吃奶的孩子或伢伢学步的小孩，匆匆赶茶去。

轮到请茶的东道主，这天要起个大早，打扫卫生，抹洗桌凳，

烧好几大鼎罐开水，准备“点茶”恭候。待茶客们差不多到齐了，就在她们带来的茶碗里放上一把自制的兰条、冰姜、韧皮豆、蜜橘皮之类的“点茶”，一起放入茶碗中冲泡。

请茶的东道主这天把装“点茶”的坛坛罐罐都搬出来，不断地给你添这添那。不仅能显示出她的富有与能干，也表示着她的慷慨与大方，而且现场还会受到茶客们七嘴八舌的评价与称道。

喝“表嫂茶”，并不讲究什么规矩和形式，因为来的人比较多，不可能全部摆好高桌矮凳，无论厅堂灶屋、内室庭院，只要有坐的地方就行。大家端起茶碗，不时用篾棒在茶碗内搅动“点茶”调味，高高兴兴地趁热喝起来。那味道，有香有甜，有辣有咸，略带一点苦，堪称五味俱全。这种茶能开胃爽口、健脾化食。开始喝可能会有些不太习惯，要是经常喝，就会像抽烟一样，有可能还会上瘾。

表嫂们喝茶的功夫，确实不浅。她们不怕烫嘴巴，不怕胀肚子，只要你添得快，她们就喝得快，个把小时就能喝十来碗。曾经有个称“茶王”的老表嫂，约莫四十来岁年纪，不到两小时喝了二十一碗，令人大开眼界。

当表嫂们喝茶兴正浓时，那些会唱歌的表嫂便表演“唱茶”的节目，她们唱《菜茶歌》《画眉出笼》《筛碗浓茶郎俚喝》等传统民歌，很是好听。往往是一个或两个唱，其他人就用碗盖轻轻地撞击着茶碗伴奏。叮叮当当，节奏明快，喝喝唱唱，你接我应，好不热闹。一直要喝到用篾棒把茶碗里的“点茶”都扒出来嚼光，就表示她们已经喝够了，东道主也不再添水了。

安福县农村妇女喝“表嫂茶”的传统由来已久，早在清朝乾隆年间就兴起了这一风俗。原来是说农村妇女知识少。气量小，邻里之间往往为一些鸡毛蒜皮的事扯皮相骂。特别是一些长舌妇，平时喜欢在人前人后说三道四，往往产生一些口角是非，影响团结，故而兴起了这一旨在搞好邻里团结的“表嫂茶”。喝茶时，既不讲族规村约，也不管过去是非大小，只要喝了茶，彼此心照不宣，过去不开心、不愉快的事，借喝茶的形式，一笔勾销，大家体面地和解。

有道是：“一个女人一面锣，三个女人一台戏。”这么多的老表嫂相聚在一起，有说有笑，有唱有闹，舒心畅气，无话不谈，场面热闹融洽，表现出一种团结和睦、情长谊深的气氛。所以，安福农村的“表嫂茶”，数百年来盛而不衰。

赣南客家茶俗

赣南客家人爱喝茶。客至先敬清茶一杯；饭前饭后，必饮清茶；逢圩赶集，亲朋交往，必进茶铺。据统计，民国时期，赣南城乡每个集镇都有十几间到二十几间茶馆。茶馆成为人们谈天说地、交朋结友、议论物事的场所。清代，赣南各交通要道每隔5里设茶亭一座，供过路人歇肩饮茶。

凡喜事筵席、寿诞筵席、请泥木工、请人割禾客时，必须请吃茶，吃茶时间一般在上午10时左右，俗说“当茶半昼”时候。喜事筵席、寿诞筵席的茶点选用酒、蛋、花生、油果、糍粑、瓜子、糕饼等；请工则以油果、糍粑、包子、馒头等填饱肚子的食物为主；丧事席只请打八仙的吃茶，其他的不请；平时农民劳作之余，常以花生、红薯干、炒薯片、炒芋片为点心。

旧时客家人喝茶很讲究，家家以棠梨树叶、钩藤、老茶叶等煮晒加工后泡茶，俗称“粗茶”；富人则吃云南的“碗子茶”、湖南的“江华茶”及本地产的细嫩茶叶，俗称“细茶”。

旧时客家人的茶点既讲究，又多种多样，有炒花生、盐花生、

糖豆子、盐豆子、米泡糖、芝麻糖、爆竹糖、云片、瓦角酥、辫酥子、杨梅酥、酥子、薄荷糖、柿饼、雪片糕、印子糕、麻筒、麻饼、沙圆饼、王仁饼、盒桃酥、眉公酥、软糖、擂茶、米茶等。

在赣南客家民间，流传着讲究茶艺、茶品的“工夫茶”。如泡茶的水，讲究最好是山泉水，其次是井水；泡茶时头泡要先倒掉，第二泡冲开水时要高冲低进，并以茶壶盖慢慢刮去浮面的泡沫，再用开水淋向壶盖和整个壶身，以保证整壶茶叶受热的均匀。给客人斟茶时，不能一次性斟满一杯再斟满下一杯，而应把茶杯在茶盘中摆成圆圈，按顺时针方向一点点逐杯轮流斟茶，称为“韩信点兵”，轮着圆圈直至把各杯斟满，称为“关公巡城”，这样各杯茶的浓淡才能一致。给客人斟茶时，必须一手持茶壶斟倒，另一手的指尖轻按茶壶盖，既防壶盖掉下，又表示双手斟茶的礼貌。别人给自己添茶时，以中指轻叩桌面以示叩谢，然后欠身扶盏接过。有时，也可反客为主，起身为主人续茶。饮茶时，端起茶杯，就着杯沿慢慢吸饮、细细品味，尽显文雅。

赣南客家民间饮茶，有的喜欢清晨起来便把大把茶叶塞满茶壶，以开水冲饮，浓得尽显苦味。然后一整天不再添加茶叶，如此冲饮一天，茶越喝越淡，到晚间时，只剩下淡淡茶味。

在赣南客家还有“凉亭赐茶”的习俗。凉亭又称“茶亭”。旧时，赣南山区山高路远，旅途大多靠步行。于是在山野间小道上，常有各种各样的茶亭。这些茶亭，或是有钱人家为修阴功积善德而捐建的，或是某位为善者牵头赞助集资所合建的，是供旅人或劳作者途中休息之用。许多茶亭还有名人题写的亭名或联对、诗词，也有一些过路者的即兴涂鸦。置身其间，平添了几许文化氛围。在这些茶亭内，大多在木架上或石墩上放置一个大大的“茶楻”，除了大冷天，差不多整年都有人每天挑来茶水放置其中，既有“公尝”资助者，也有民众自发做善事捐赐者。在“茶樘”边上，悬挂有几个喝茶用的竹饮具，是用一个小截竹筒留竹节作底，一头削成钝尖形，安上一截带有竹枝可作挂钩的竹棍做柄。劳顿的旅人在此小憩，迎阵阵清风，饮一竹筒淡淡茶水，尽驱旅途的困顿，然后心怀谢意再上征程。

尊师重教的“拜师茶”

我国素有“礼仪之邦”之称，尊师重道是优良传统。《礼记·学记》有云：“凡学之道，严师为难。师严然后道尊，道尊然后民知敬学。”以茶敬师，多为一种道德传统的体现，茶为师，谦和恭敬，德馨兼备，学古起今。

拜师敬茶的仪式，最早记载于礼记中的《冠仪》一篇：“拜师，择吉日，一般都有三、六之数，意味着“三十六行，行行出状元”。所有程序都完成之后，徒弟会给师父献上一杯茶；上茶时，要求上茶人举杯齐眉，以腰为轴，躬身将茶献出。

在旧时南昌，民间素有“尊师重教”的传统，家长送小孩入私塾发蒙，要备上一份拜师礼，其中之一就是一包茶叶，意思是恭维塾师高雅芳香，并求塾师多多费神。在江西，弟子去拜访老师，饮茶也有特殊的礼节，民国《安义县志》载：“师位西南，东北南，弟子西面茶。”

景德镇“留人茶”和“起手茶”

景德镇自古以一瓷二茶闻名，在长期形成的瓷业习俗中，瓷与茶也紧密联系一起。旧时，景德镇制瓷做坯分圆器和琢器。圆器是指瓷器的器型为圆形的，如盘、碗、杯、碟等；琢器是指不能完全依靠陶车制成的瓷器，如瓶、缸、钵、盆、汤匙、镶器等。

琢器坯房工人生活最苦，工作得不到保障，工人大多数是由业主自己出面雇请的。当年的端午节，如果业主请某工人上馆吃“泡茶”（一碗茶，两根油条），就说明业主继续留用某工人干到七月半；到七月半，如果业主又请某工人上馆吃“泡茶”，则说明业主留用某工人干到当年腊月；如果到腊月，业主再请某工人上馆吃“泡茶”，即表明业主次年仍继续留用某工人。反之，凡是其中有一次未被业主请去吃“泡茶”的，则表明这个工人要被业主辞退了。这种“泡茶”也叫作“留人茶”。陶瓷行业开工生产叫“起手”，约在四月间，老板要请工人喝一次“起手茶”或吃“起手面”，要求工人拼命干活。而且，“留人茶”和“起手茶”在景德镇陶瓷行业中形成了约定俗成的规定。

参考文献

［1］陈宗懋，杨亚军．中国茶经［M］．上海：上海文化出版社，2011.

［2］路英．中华一壶茶［M］．济南：济南出版社，2008.

［3］陈文华．中国茶文化学［M］．北京：中国农业出版社，2006.

［4］陈文华．中国茶文化典籍选读［M］．南昌：江西教育出版社，2008.

［5］王旭峰．茶的故事［M］．杭州：浙江摄影出版社，2014.

［6］竺济法．名人茶事［M］．上海：上海文化出版社，1992.

［7］刘铭忠，郑宏峰．中华茶道［M］．北京：线装书局，2008.

［8］于左．佳茗似佳人［M］．郑州：中州古籍出版社，2015.

［9］刘玉凤，曾海华．江西茶事［M］．南昌：红星电子音像出版社，2020.

［10］王旭烽．茶人传奇之归命侯的以茶代酒［J］．茶博览，2014（12）.

［11］王旭烽．茶人传奇之以水为厄的嗜茶者［J］．茶博览，

2014（9）.

［12］王旭烽．茶人传奇之以茶养廉的历史标杆［J］．茶博览，2014（4）.

［13］王旭烽．茶人传奇之关于酪奴的故事［J］．茶博览，2014（11）.

［14］王旭烽．茶人传奇之瓦盂盛茶上至尊［J］．茶博览，2015（11）.

［15］王旭烽．茶人传奇之茶史开始第一人［J］．茶博览，2013（10）.

［16］陈松年．关于“竹符调水”［J］．农业考古，2004（2）.

［17］余吉生．“原是分宁一茶客”——黄庭坚与他的咏茶作品［J］．名作欣赏，2009（7）.

［18］朱洁，王思．曾几茶诗研究［J］．农业考古，2015（5）.

［19］施由明．论茶与陆游的人生情怀［J］．农业考古，2010（2）.

［20］彭庭松．杨万里茶诗的文化探析［J］．农业考古，2015（5）.

［21］巩志．朱熹的茶道人生［J］．中国茶叶，2010（9）.

［22］金杰．茶与杨万里诗歌关系探究［J］．科教文汇，2016（16）.

［23］傅军．郭沫若与茶诗［J］．上海茶叶，2013（4）.

［24］黄荣才．林语堂论茶［J］．闽南风，2015（11）.

［25］廖耀前．四才子与四贤茶［J］．农业考古，1992（4）.

［26］陈放．中国茶道之父——皎然上人对中国茶道的创世之功（上）［J］．科技智囊，2009（9）.

［27］陈放．中国茶道之父——皎然上人对中国茶道的创世之

功（下）[J].科技智囊，2009（10）.

[28] 张茜.中国传统岁时食俗中的茶文化 [J].美食研究，2016（4）.

[29] 林今团.蔡襄的斗茶与《茶录》[J].中国茶叶，2008（9）.

[30] 水水.北京 大碗茶的滋味 [J].茶道，2020（2）.

[31] 洪爽.老舍与茶 [J].健身科学，2015（2）.

[32] 浩明.茶与曹雪芹 [J].茶·健康天地，2009（3）.

[33] 朱效羽.中国十大名茶的传说 [J].现代养生，2011（16）.

[34] 徐克定.名茶与传说 [J].农业考古，1992（4）.

[35] 射美生.茶仙卢仝 [J].文史知识，2007（7）.

[36] 曾莉冰.孙中山与茶 [J].广东茶业，2010（6）.

[37] 林更生，林心放.《大观茶论》说些啥——古茶书解读之廿五 [J].福建茶叶，2014（4）.

[38] 周惠斌.鲁迅的茶好 [J].老年人，2019（12）.

[39] 潘城，姚国坤.一千零一叶：故事里的茶文化 [M].上海：上海文化出版社，2017.

后　记

为振兴江西茶业，促进江西茶文化传承与发展，南昌师范学院组织了一批学者开展“振兴赣茶文化”研究，以期促进江西茶产业的高质量发展。严格意义上来讲，我够不上研究茶文化的学者，只能算是一个对茶文化感兴趣的爱好者而已，闲暇时间读点茶文化方面的著作，偶尔与好友一起品品茶，聊聊茶背后的故事，共同探讨茶文化传承与发展的问题。

中华茶文化博大精深，茶掌故、茶趣说、名人茶事、茶习俗浩如烟海。因而，在资料的收集和整理过程中，囿于时间、精力和手中已有的资料，难免会挂一漏万，限于自己的学识和能力，对材料的选择、故事真实性的研判、故事的选择与甄别，往往会带上个人的思想和观点，难免会出现“误舍”或“误用”的情形，甚至有些观点和见解可能会出现偏颇甚至错误，需要与同行、专家和学者进一步商榷，也期望与大家共同探讨，得到大家的指点和帮助。

写作的过程，是个痛苦的过程。故事遴选，材料甄别，难以取舍，写写停停，思绪万千。终于可以交稿了，终于可以把心放下了。忘不了家人的默默支持，忘不了同事的悉心帮助，忘不了朋友的殷切关心。在这里一并感谢！感谢你们的关心、支持和帮助！

刘玉凤

2021 年 6 月 18 日

项目策划： 段向民
责任编辑： 张芸艳
责任印制： 孙颖慧
封面设计： 武爱听

图书在版编目（CIP）数据

茶事 / 刘玉凤编著. -- 北京 : 中国旅游出版社, 2022.12

（中国茶文化精品文库 / 王金平, 殷剑总主编）

ISBN 978-7-5032-6745-1

Ⅰ. ①茶… Ⅱ. ①刘… Ⅲ. ①茶文化－中国 Ⅳ. ①TS971.21

中国版本图书馆CIP数据核字(2021)第145165号

书　　名： 茶事

作　　者： 刘玉凤　编著
出版发行： 中国旅游出版社
（北京静安东里 6 号　邮编：100028）
http://www.cttp.net.cn　E-mail:cttp@mct.gov.cn
营销中心电话：010-57377103，010-57377106
读者服务部电话：010-57377107
排　　版： 北京旅教文化传播有限公司
经　　销： 全国各地新华书店
印　　刷： 三河市灵山芝兰印刷有限公司
版　　次： 2022 年 12 月第 1 版　2022 年 12 月第 1 次印刷
开　　本： 720 毫米 ×970 毫米　1/16
印　　张： 13.5
字　　数： 155 千
定　　价： 59.80 元
I S B N 978-7-5032-6745-1